青少年心理自助文库
疗愈丛书

U0747166

困 惑

举杯消愁愁更愁

方建和/著

珍惜当下，把握好自我的心灵，
幸福不在他方净土，而在内心一念。

中国出版集团　现代出版社

图书在版编目(CIP)数据

困惑:举杯消愁愁更愁 / 方建和著. —北京 : 现代出版社,2013.12
(2021.3 重印)

(青少年心理自助文库)
ISBN 978-7-5143-1960-6

Ⅰ. ①困… Ⅱ. ①方… Ⅲ. ①散文集 – 中国 – 当代
Ⅳ. ①I267

中国版本图书馆 CIP 数据核字(2013)第 313636 号

作　　者	方建和
责任编辑	赵　熙
出版发行	现代出版社
通讯地址	北京市安定门外安华里 504 号
邮政编码	100011
电　　话	010 – 64267325 64245264(传真)
网　　址	www.1980xd.com
电子邮箱	xiandai@cnpitc.com.cn
印　　刷	河北飞鸿印刷有限责任公司
开　　本	710mm × 1000mm　1/16
印　　张	12
版　　次	2013 年 12 月第 1 版　2021 年 3 月第 3 次印刷
书　　号	ISBN 978-7-5143-1960-6
定　　价	39.80 元

P 前言
PREFACE

为什么当今一部分青少年拥有丰富的物质生活却依然不感到幸福、不感到快乐？怎样才能彻底走出日复一日的身心疲惫？怎样才能活得更真实、更快乐？我们越是在喧嚣和困惑的环境中无所适从，越觉得快乐和宁静是何等的难能可贵。其实"心安处即自由乡"，善于调节内心是一种拯救自我的能力。当我们能够对自我有清醒的认识，对他人能宽容友善，对生活无限热爱的时候，一个拥有强大的心灵力量的你将会更加自信而乐观地面对一切。

青少年是国家的未来和希望。对于青少年的心理健康教育，直接关系到其未来能否健康成长，承担建设和谐社会的重任。作为学校、社会、家庭，不仅要重视文化专业知识的教育，还要注重培养青少年健康的心态和良好的心理素质，从改进教育方法上来真正关心、爱护和尊重青少年。如何正确引导青少年走向健康的心理状态，是家庭、学校和社会的共同责任。心理自助能够帮助青少年改善心理问题，获得自我成长，最重要之处在于它能够激发青少年自觉进行自我探索的精神取向。自我探索是对自身的心理状态、思维方式、情绪反应和性格能力等方面的深入觉察。很多科学研究发现，这种觉察和了解本身对于心理问题就具有治疗的作用。此外，通过自我探索，青少年能够看到自己的问题所在，明确在哪些方面需要改善，从而"对症下药"。

我们常听到"思路决定出路，性格决定命运"的名言，"思路"是指一个人做事的思维和发展的眼光，它决定了个人成就的大小；"性格"是指一个人的

前 言

1

品格和心胸,做事要成功,做人必先成功。一个做人成功的人,事业才可能有长足的发展。

记得有位哲人曾说:"我们的痛苦不是问题本身带来的,而是我们对这些问题的看法产生的。"这句话正好体现了"思路"两字的含义。有时候我们由于视野的不开阔,看问题容易局限在某个小范围,而自己可能也就是在这个小范围内执意某些观点,因此导致自己无法找到出路而痛苦。如果我们能在面对问题时,让视野更开阔一些,看问题更加深入一些,或许我们会产生新的思路,进而能找到新的出路。

视野的开阔在一定程度上决定了思路的萌发。从某种程度上看,思路已是在你大脑中形成的对问题解决的模型,在思路实施前,自己已经通过自身的知识在大脑中做了模拟实施和预测判断。但无论是模型的形成,还是预测判断,都离不开自身的知识结构。知识结构越完善,自己的视觉就越开阔,就越能把握问题的本质,更加容易萌发新的思路。知识储备的广度在一定程度上决定了思路的高度。

本丛书从心理问题的普遍性着手,分别论述了性格、情绪、压力、意志、人际交往、异常行为等方面容易出现的一些心理问题,并提出了具体实用的应对策略,以帮助青少年读者驱散心灵的阴霾,科学调适身心,实现心理自助。

本丛书是你化解烦恼的心灵修养课,可以给你增加快乐的心理自助术;本丛书会让你认识到:掌控心理,方能掌控世界;改变自己,才能改变一切;只有实现积极的心理自助,才能收获快乐的人生。

C目 录
ONTENTS

第七篇　珍惜生命

第八篇　允许不完美

第九篇　告别欲望

第十篇　人生需要勇气

困惑——举杯消愁愁更愁

第一篇

走出困惑的怪圈

人活着就是为了生活得更快乐，而快乐的生活要自己努力去争取。

人为了追求自己的快乐，就有了为之奋斗的欲望。

为了人生的奋斗目标，人必须努力学习，在学习中寻找乐趣，让单调乏味的学习充满生趣，使自己无忧无虑，身心健康，和平而安逸地过好每一天。

心理学知识告诉我们，不良心理暗示的积累，最终会造成难以扭转的悲观情绪，而事实上，这种情绪体验往往是不真实的。

消除不良的心理暗示

父母应少给孩子一些负面心理暗示

心理暗示，是指人接受外界或他人的愿望、观念、情绪、判断、态度影响的心理特点。它是人们日常生活中最常见的心理现象。它是人或环境以非常自然的方式向个体发出信息，个体无意中接受这种信息，从而做出相应的反应的一种心理现象。

心理学家巴甫洛夫认为，暗示是人类最简单、最典型的条件反射。从心理机制上讲，它是一种被主观意愿肯定的假设，不一定有根据，但由于主观上已肯定了它的存在，心理上便竭力趋向于这项内容。

我们在生活中无时不在接受着外界的暗示。比如，电视广告对购物心理的暗示作用。在无意识中，广告信息会进入人们的潜意识。这些信息反复重播，在人的潜意识中积累下来。当人们购物时，人的意识就会受到潜意识中这些广告信息的影响，左右你的购买倾向。

心理学知识告诉我们，不良心理暗示的积累最终会造成难以扭转的悲观情绪，而事实上，这种情绪体验往往是不真实的。内心极度痛苦的人很多时候并没有真正面临生存危机，是情绪失控致使其对所受到的负面刺激缺乏合理的认知，主观上夸大该刺激的强度。这种夸大同时也反衬出个人应对能力的匮乏，最终导致意志力的瓦解。

父母潜移默化的负面心理暗示，会造成孩子学习和生活上的种种困扰。

很多心理学杂志都曾引用过这样一个案例：

一位母亲带着一个八九岁的男孩来看心理医生。

这位母亲说:"我生这孩子的时候不太顺利,医生不仅给他吸了氧,还告诉我孩子以后可能会出现智力问题。这不,这孩子9岁了,和别的孩子确实不太一样。因为先天不足,他脑子太慢,学习有困难,成绩一直倒数,我真担心他会有智力低下的问题!"母亲越说越激动,"我带他去过几家医院,做了很多检查,可都没查出什么毛病。但他脑子肯定是有问题的,这是我生他的时候落下的病根。"

母亲一直在反复强调。而当医生向孩子本人询问时,孩子竟也不假思索地说:"我脑子有问题,所以学习不好。"

孩子的母亲插嘴说:"每次看病我都将他脑子受过伤、影响学习的事情告诉大夫。"

通过这对母子的叙述,医生对孩子的"病情"大致已心中有数。经测定,孩子智力水平正常,根本不存在智力低下的问题。他的学习成绩之所以不好,完全是母亲不良心理暗示的结果。当然,母亲也是接受了当年那个医生"孩子以后可能会出现智力问题"的不良暗示。这些潜移默化的负面心理暗示,造成了孩子学习和生活上的种种困扰。

人是情绪化的动物,心理暗示对人的影响作用是很普遍、很强大的。研究表明,由于敏感、脆弱和心理不成熟,儿童成为最易受心理暗示的群体。父母和老师是孩子身边最值得信赖和依靠的人。一旦他们在无意中成为对孩子不良暗示的施加者,必然会影响到孩子的自我认知、自我评价,从而引发和扩大孩子的缺陷,形成不良的心理反应和行为模式。而这种模式一旦固定下来,很可能影响孩子的一生。

很多时候,孩子身上很小的缺点,被我们大人一再地放大、一再地强调,便成了不可克服的了。这便是不良的心理暗示。

2005年第5期《少年儿童研究》杂志上,金女士在《避免不良心理暗示》一文中讲述了以下的故事:

豆豆的考试卷子发下来了,我帮他检查错题。

他说:"阿姨,这些题我都会,只是马虎,错了。我们老师老说我马虎,我妈也说我马虎,没办法,改不了。"

看着豆豆小大人的模样，我笑了。再翻开豆豆的学生报告册，老师写的评语居然一连四个学期都是"聪明，爱劳动，只是过于马虎"这类的话，难怪豆豆一个劲儿地说自己马虎。

其实马虎并不是很大的毛病，是很好克服的。可是父母和老师总说他马虎，豆豆就真的马虎了。

为了测试一下豆豆究竟是不是可以细心做事，我找了两幅图，让豆豆看两张几乎同样的图里有什么不同。豆豆饶有兴趣，不一会儿就把10个不同之处一个不少地找了出来。

我拍着豆豆的脑瓜说："豆豆，其实你可以很认真地完成一件事的，马虎并不会总是跟着你。"豆豆挠挠脑袋，说："那为什么我妈和老师都说我马虎呢？"

我们有些父母和老师一再地给孩子不良的心理暗示，比如孩子的母亲经常对外人说："我家孩子脑袋笨，像他爸！"孩子便真的以为自己笨，做起事来没自信，动不动就会拿自己笨做借口。久而久之，"笨"成了一个借口，破罐子破摔了。还有的父母、老师把孩子的马虎、胆子小等缺点挂在嘴边上，经常不分场合地反复评说，孩子无形中接受了这样的暗示，这些缺点也就越发地明显了。

相反，如果孩子胆子小，父母常常鼓励他："你是勇敢的孩子，这没什么。"良性的心理暗示会帮助孩子克服缺点，真正勇敢起来。

我对豆豆说："没有人生来是马虎的，只是做事态度的问题。如果你重视这件事，认真地去做，马虎想赖都赖不上你呢！"豆豆似懂非懂。我拿了一张卷子给豆豆，说："阿姨相信，这张卷子你一定会做得非常好，你愿意试试吗？"豆豆很有信心地点点头，拿起笔开始做。看得出每一道题他都很认真地思考，很仔细地计算。一个小时后，他把卷子交给了我。我和他一起对答案。果然，没有一道题是因为马虎而做错的。

我拍了拍豆豆的小脑瓜，问豆豆："这说明了什么呢？"豆豆说："我没让小马虎靠近我！"是的，因为良性的心理暗示给了孩子充足的自信心，所以他才不会毛毛躁躁，接受自己生来马虎的暗示。

苏联教育家马卡连柯对父母说:"不要以为只有你们同儿童谈话、教育他、命令他的时候才是进行教育,你们怎样穿戴、怎样同别人谈话、怎样谈论别人、怎样欢乐或发愁、怎样对待朋友和敌人、怎样笑、怎样读报——这一切对教育儿童有着重要的意义。"

心灵悄悄话

所以,忠告父母:请少给孩子一些责怪,多给孩子一些鼓励;少一些不良的心理暗示,多一些积极的心理暗示。这样,才不会让小毛病变成缺点,才不会让缺点跟随孩子一辈子。

除去负面的心理暗示

开办台湾卡耐基训练事业的黑幼龙从空军退伍时,和很多同伴一起找工作。他们看到报上有一则招工广告,条件要求是大专毕业,黑幼龙想去试试看,但同伴都说不适合,因为他分明不是大专生。

黑幼龙坚定地告诉他们,其他条件他都适合,而且其实他也算大专毕业生,因为空军通信电子学校招收的是高中毕业生,所以广义上来说,当时的空军可以算是大专。最后,黑幼龙果然得到了这个机会。

伟大的心理学家与哲学家威廉·詹姆斯说:"播下一个行动,我们将收获一种习惯。播下一种习惯,我们将收获一种性格。播下一种性格,我们将收获一种命运。"

认识和发挥自己的长处,是一种心理上积极的自我暗示,可以让这种积极的心态和行动成为思维习惯,成为不用有意控制的心理活动。

当我们开始自感不如人的时候,大声问自己:"我是那个知道对着自己的缺点叹气的人吗?"只有摆脱自卑心理的阴影,不再悲伤、寂寞、烦躁、颓废、痛苦,才能成为生活的强者。心理学家曾经做过这样一个实验,从一所小学的六年级学生中,挑出一组学生作为研究对象,告诉校长和老师们说,这是经过他们测试认定为能力超群的儿童。

经过 15 年的跟踪调查,人们发现,这些能力超群的儿童果然不同凡响,都成为学校的尖子生。毕业后走上社会,他们也都成为出类拔萃的人物。

心理学家最后一次来到学校,与校长交流的时候告诉他,当年那些研究对象都是用随机的方式挑出来的,根本没有经过任何测试。研究的结果表明,一个人如果相信自己能力超群的话,那么他就会真的变得能力超群。

我们总会受一些心理暗示的影响,在自己的内心投下阴影,然后整个人都躲在阴影之下,不肯去面对阳光。就像下面故事中的金佛,用泥土掩盖了真正的自己。

在泰国，有一座叫作金佛寺的庙宇，里面有一座3米多高、全身由黄金打造的实心佛像，重达两吨半，价值将近两亿美元。

1957年，由于泰国政府决定在曼谷市内兴建高速公路，位于路段上的某寺庙因此被迫迁移，寺内的和尚只得将庙中的土造佛像放置到其他地点。

这座佛像体积庞大，重量惊人，所以在搬运的过程中开始现出了裂缝，更糟的是，此时又下起滂沱大雨，寺内的大师为了不让佛像再受到损害，便决定先将佛像放回原地，然后用大型的帆布覆盖，以免遭受雨水的侵袭。

一天傍晚，大师拿着手电筒，掀开帆布检查，看看佛像有没有被雨水淋湿，灯光照到裂缝处时，他发现那里反射出一道怪异的光芒，大师趋前仔细检查后，怀疑这层土壳里面藏有别的东西。

他回庙中取来了凿子和斧头，小心翼翼地开始敲打佛像表面。当他敲掉第一片土壳时，惊异地发现下面闪着金光。大师用了好几个小时，终于让一座纯金的佛像重见天日。

据说，几百年前，缅甸军队曾出兵攻打当时称为暹罗的泰国。当时的暹罗和尚知道敌军即将来袭，便在珍贵的黄金佛像表面上覆盖泥土，以免被缅甸军队掠走。

据说这些和尚后来全被入侵者杀害，但这座价值连城的佛像被完整地保存下来，直到1957年才重见天日。

其实，我们都像那座佛像，本质上是个纯金的，但在成长过程中被种种东西裹上一层厚厚的壳。从小开始，我们就学会了将内心中那个如黄金般纯真的自我隐藏起来。

人最熟悉的是自己，最陌生的也是自己。老子说："知人者智，自知者明。"王安石说："知己者，智之端也。"从这个意义上来说，人生最大的敌人是自己。只有自己把自己说服了才是一种理智的人生；只有自己把自己感动了才是一种升华的人生；只有自己把自己征服了才是一种成熟的人生。事实上，有力量征服自己的人才有力量征服一切挫折、痛苦和不幸。

理性地认识自己吧，不要再做阴影的制造者了。

很久很久以前，人类都还赤着双脚走路。

有一位国王到某个偏远的乡间旅行，因为路面崎岖不平，有很多碎石

头，刺得他的脚又痛又麻。回到王宫后，他下了一道命令，要将国内的所有道路都铺上一层牛皮。他认为这样做，不只是为自己，还可造福他的人民，让大家走路时不再受刺痛之苦。

但即使杀尽国内所有的牛，也筹措不到足够的牛皮，而所花费的金钱、动用的人力，更多如牛毛。虽然根本做不到，甚至还相当愚蠢，但因为是国王的命令，大家也只能摇头叹息。

一位聪明的仆人大胆向国王提出建言："国王啊！为什么您要兴师动众，牺牲那么多头牛，花费那么多金钱呢？您何不只用两小片牛皮包住您的脚呢？"国王听了很惊讶，但也当下领悟，于是立刻收回命令，采纳这个建议。据说，这就是"皮鞋"的由来。

心灵悄悄话

想改变世界，很难；要改变自己，则较为容易。与其改变全世界，不如先改变自己。改变自己的某些观念和做法。当自己改变后，眼中的世界自然也就跟着改变了。如果你希望看到世界改变，那么第一个必须改变的就是自己。

第一篇 走出困惑的怪圈

心理暗示的正负两面

有人容易受心理暗示左右,有人则不容易被别人影响。那么,如何让自己变得更加独立,不受他人的暗示所影响?

《中国大百科全书》是这样定义暗示的:"人们为了某种目的,在无对抗的条件下,通过交往中的语言、手势、表情、行动或某种符号,用含蓄的、间接的方式发出一定的信息,使他人接受所示意的观点、意见,或按所示意的方式进行活动。"

应该说,影响暗示的因素主要有三个:暗示者、受暗示者和当时的情景。暗示者的地位越高、权威性越强、表达方式越具感染力,暗示产生的影响力就越大。

受暗示者的个人特点对暗示效果也有影响。有主见、爱独立思考、自信、安全感强的人,不容易受暗示;反之,则容易受到他人影响。情景也会影响暗示效果。

如当受暗示者处在令人不安和恐怖的情景下,感觉自己软弱无力、无法控制局面,面对的情况和信息模糊不清、场面混乱时,就更加容易受暗示。所以,心理暗示,有时就像是人与人之间的一场心理博弈。

在日常生活和工作中,人们常常会面临一些心理暗示,其中有有益的暗示,也有负面的暗示。

一个内心健康自信的人,应该具备辨别有益暗示和无益暗示的能力,以及一定的抵制负面心理暗示的能力。实践证明,培养人的勇敢精神、批判精神、独立思考精神;建立人的平等意识;提高个人的自信自知、自我觉察、自我领悟的水平,都有助于养成独立的人格和强大的内心,也能够帮助人们有效抵制负面的心理暗示。

当然,在这个过程中,要注意区分独立思考、独立人格、自信自知与固执、封闭、自大之间的区别。

一位心理学家曾做过这样一个实验。

他让10个人穿过一间黑暗的房子。在他的引导下,这10个人都成功地穿了过去。

然后,心理学家打开房内的一盏灯,在昏黄的灯光下,这些人看清了房子内的一切,都惊出一身冷汗,这间房子的地面是一个大水池,水池里有十几条大鳄鱼,水池上方搭着一座窄窄的小木桥,刚才他们就是从小木桥上走过去的。

心理学家问:"现在,你们当中还有谁愿意再次穿过这间房子呢?"没有人回答。

过了很久,有3个人站了出来,其中1人小心翼翼地过去,速度比第一次慢了许多倍;另一个颤颤巍巍地踏上小木桥,走到一半后竟趴在小桥上爬了过去;第三个刚走几步就一下子趴下了,再也不敢向前移动半步。

心理学家又打开房内的另外9盏灯,灯光把房里照得如同白昼。这时,人们看见小木桥下方装有一张安全网。

由于网线颜色极浅,他们刚才根本没有看见,"你们谁愿意现在通过这座小木桥?"心理学家问道。这次又有5个人站了出来。"你们为何不愿意呢?"心理学家问剩下的两个人。"这张网安全牢固吗?"这两个人异口同声地反问道。

很多时候,成功就像通过这座小木桥,失败原因恐怕不是力量薄弱、智能低下,而是周围环境的威慑——面对险境,很多人早就失去了平静的心态,产生了消极的心理暗示,以至于慌了手脚,乱了方寸。

自我暗示,可以影响一个人的生理和心理现象,这种现象在生活中更是屡见不鲜。

譬如,早上起来,你发现自己的脸色灰暗,你的一天就开心不起来;如果发现自己颜面浮肿,你就会怀疑肾脏有问题,然后就会觉得腰痛。

暗示,作为一种心理疗法,有科学的基础和功效,对一些心因性疾病有一定的疗效,如口吃、厌食、哮喘、高血压、心动过速、神经性头痛、自主神经功能紊乱和更年期综合征等。

积极正确的暗示疗法,通过调节人的神经内分泌,可以促进脑中有益激

素的分泌,增强人的身体健康。而负面的心理暗示,不仅不能医治疾病,反而会使受暗示者产生心理障碍,严重的会出现幻听、幻觉和幻视。在生活中,我们要多运用积极恰当的心理暗示,使人的生理功能发生良好性改变,疾病的症状消失,达到强身健体的目的。

心灵悄悄话

心理暗示可分为积极的和消极的两种情势。积极的心理暗示,它对人的情绪和生理状态能产生良好的影响,调动人的内在潜能,发挥最大的能力;而消极的心理暗示,则对人的情绪、能力和生理状态都会产生不良影响。

负面的心理暗示

　　心理学知识告诉我们,不良心理暗示的积累最终会造成难以扭转的悲观情绪,而事实上,这种情绪体验往往是不真实的。这种夸大同时也反衬出个人应对能力的匮乏,最终导致意志力的瓦解。心理暗示的作用很大。

　　我听一个搞心理学的给我讲过这么个故事:"二战"期间,德军有找战俘做心理实验的。他们找来一个囚犯,跟他说,你要是答应把烧红的铁块烙在你胳膊上,你就能自由。他当然答应了。然后,他们当着战俘的面,把铁伸到炉子里烧得通红。然后他身后的人把他的眼睛用布蒙住。然后,他们拿起一块早已准备好的冰凉的铁,迅速按在他胳膊上。只听"啊"的一声惨叫,铁块拿开,战俘的胳膊上起了很多水泡。

　　人若是长期生活在暗示中,往往会让自我意识导向那一边,而这能量是很强大的。

　　而且,当自己觉得一件事可能发生(尤其是负面暗示带来的结果),往往会找寻蛛丝马迹、细微证据,即使那是风声鹤唳、杯弓蛇影。这是暗示的作用。而这作用足以把人从正常人逼疯,逼出病。

　　看见这些,就尽力让自己给自己好一点的暗示吧。

　　英国维多利亚时期,一件事跟中国的裹小脚略有相像,就是女人要穿束腹。束腹会让女人的身体变畸形,而且失去了束腹,便呼吸困难,难以行走。非常坚信无神论,而且对其他论证、哲学、科学一律无视的人,问我怎么说服一个基督徒?我说,你这种信仰无神论的方式跟我们传统文化中的迷信没什么不同,都是从小被教育坚信一个权威一种说法的结果,而我们的文化就是这样两级表现又殊途同归的。

他说,人总想找点什么被约束吧,这就是人性。

然后我想到,我们的天性没有什么问题,就是类似于束腹的事物从小穿在身上太久,以至于失去了它就如同失去了呼吸的依托。可是究竟什么是束腹,什么不是;什么是人性,什么是人性被扭曲之后的表现——这都是极难分清的,必须审慎考虑。被灌输的价值观,强硬施加的暴力,也是如此。或许你反抗着让你畸形的束腹,那是血液、肌肉、骨骼的呼唤,但失去了它你又觉得无法呼吸,将身体再次扭曲。这时候不要轻易向黑暗屈服吗?

心理暗示的负面影响

暗示在本质上,是人的情感和观念,会不同程度地受到别人下意识的影响。

有没有过这样的经历:早上睡过头了,赶着上班,路上偏堵车,一上班就被老板训话,昨天的案子留着麻烦的尾巴,无精打采地熬到下班,回家准会遇到停水停电,或者卫生间漏水,马桶又堵了。坏运气一旦开了头,似乎就接踵而至,围追堵截,这一整天都是灰色的。

心理学上,这叫作心理暗示的效应。本来日常也会发生的事情,因为一点小小的不顺,便起了头,所有的事情就变了味道,改了立场,从笑脸的那一边站到了皱眉的一边。

这是自我的心理暗示,仅就个体发生作用。更为普遍的,是个体与个体之间的作用力。也就是我们所谓的皮格马利翁效应。

皮格马利翁效应

远古时候,塞浦路斯王子皮格马利翁喜爱雕塑。一天,他成功塑造了一个美女的形象,爱不释手,每天以深情的眼光观赏不止。看着看着,美女竟活了。

1968 年,两位美国心理学家来到一所小学,他们从一至六年级中各选 3 个班,在学生中进行了一次煞有介事的"发展测验"。

然后,他们以赞美的口吻将有优异发展可能的学生名单通知有关老师。8 个月后,他们又来到这所学校进行复试,结果名单上的学生成绩有了显著

进步，而且情感、性格更为开朗，求知欲望强，敢于发表意见，与教师关系也特别融洽。

实际上，这是心理学家进行的一次期望心理实验。他们提供的名单纯粹是随便抽取的。他们通过"权威性的谎言"暗示教师，坚定教师对名单上学生的信心，虽然教师始终把这些名单藏在内心深处，但掩饰不住的热情仍然通过眼神、笑貌、音调滋润着这些学生的心田，实际上他们扮演了皮格马利翁的角色。学生潜移默化地受到影响，因此变得更加自信，奋发向上的激流在他们的血管中荡漾，于是他们在行动上就不知不觉地更加努力学习，结果就有了飞速的进步。这个令人赞叹不已的实验，后来被誉为"皮格马利翁效应"或"罗森塔尔效应"。

于是，皮格马利翁效应也被总结为：

"说你行，你就行，不行也行；说你不行，你就不行，行也不行。"皮格马利翁效应其实体现的就是暗示的力量。

你有过这样的经历吗？本来穿了一件自认为是很漂亮的衣服去上班，结果好几个同事都说不好看，当第一个同事说的时候，你可能还觉得只是她的个人看法，但是说的人多了，你就慢慢开始怀疑自己的判断力和审美眼光了，于是到了下班后，你回家做的第一件事情就是把衣服换下来，并且决定再也不穿它去上班了。

其实，这只是心理暗示在起作用。暗示作用往往会使别人不自觉地按照一定的方式行动，或者不加批判地接受一定的意见或信念。由此可见，暗示在本质上，是人的情感和观念，会不同程度地受到别人下意识的影响。

人为什么会不自觉地接受别人的影响呢？其实，人的判断和决策过程，是由人格中的"自我"部分在综合了个人需要和环境限制之后做出的。这种决定和判断就是"主见"。一个"自我"比较发达、健康的人，通常就是我们所说的"有主见""有自我"的人。但是，人不是神，没有万能的"自我"、更没有完美的"自我"，这样一来，"自我"并不是任何时候都是对的，也并不总是"有主见"的。"自我"的不完美，以及"自我"的部分缺陷，就给外来影响留出了空间、给别人的暗示提供了机会。我们发现，人们会不自觉地接受自己喜欢、钦佩、信任和崇拜的人的影响和暗示。这使人们能够接受智者的指导，作为不完善的"自我"的补充。这是暗示作用的积极面，这种积极作用的前提，就是一个人必须有充足的"自我"和一定的"主见"，暗示作用应该只是

作为"自我"和"主见"的补充和辅助。表面上看,有些积极暗示似乎起着决定性作用,其实,积极暗示对于被暗示者的作用,就像是"画龙点睛"。换句话说,如果你不是那块材料,再多的暗示也无济于事。

暗示也有消极的方面,那就是容易受人操纵、控制。心理暗示发挥作用的前提是"自我"的不完善和缺陷,那么如果一个人的"自我"非常虚弱、幼稚的话,这个人的"自我"很容易被别人的"暗示"占领和统治。这种人的人格本身,就存在着严重的依赖倾向。

所以,皮格马利翁效应虽然会对你的生活产生积极或者消极的影响,但是千万不要盲目地相信它,完全被它所左右。因为外界的鼓励或是批评是每个人都必须要面对的问题,如果总是因为别人的态度而改变自己的话,那就永远也不会成熟。

这是一个很动人也很完美的爱情故事。虽然明显经过了文学艺术加工,但除爱情之外,还蕴含着的其他东西——心理暗示。

他患严重失眠症,多年不愈。某日,一个年轻的女医生,给他一片安眠药,说:"试试这种特效药吧。"那一夜,他终于沉沉睡去。之后两年,他每天从她那里得到一片安眠药,然后甜睡一夜。终于,他变成了一个快乐、健康的人,不再需要安眠药——因为已经有她做伴侣。

新婚之夜,她告诉他:两年来他吃下的所有药片,除了第一天的那一片外,其余的全是最普通不过的维生素。两年中,她每天用手术刀把维生素片的文字刮平,再刻上安眠药的字样。她用"欺骗"成全了他的健康和伟大的爱情。

生活中的心理暗示。维生素能起到和安眠药同等的作用,这得归功于心理暗示。

当所有的人都开始穿一种款式的衣服,时尚的你只有急慌慌地按图索骥一件,穿上身后这才安心——这是时尚潮流的心理暗示作用;电视上奢华的广告、柜台中精美的包装,使我们像中了邪一样,深信这些东西价值不菲,于是将包里的钱心甘情愿拱手奉上——这是商家利用心理暗示引导消费;上司在庆功会上对你的工作能力大加赞赏,你从此后越发灵感四射,这是一种心理暗示的管理手段……

暗示看似神秘,然而是人与生俱来的本能之一。世上没有对暗示完全

免疫的人，只是各人的敏感度不同。

"皮格马利翁效应"是一种比较积极的暗示。容易接受暗示的人，会在积极的暗示中产生动力和信心，从而向这个目标去努力发展。而最近的畅销励志书籍《钝感力》中着重阐述，不敏感也是一种才能。希望人们培养"钝感力"，对不良的心理暗示增强抵抗力。这两者所针对的都是各自的积极意义。然而我们也要看到，敏感与钝感在生活中各自的敝端。

心理暗示，实际上是对"自我意识"的一种弥补。我们比较容易接受自己所信任、尊敬的人所说的话，作为自我意识的辅助和补充。所以，所谓"钝感"的人，实际上也在不断接受着一种暗示——自我暗示。他们的自我意识比敏感的人更强些，所以不接受来自外界的暗示，也就是"有主见"。有主见的人，他的注意力会专注在自己要做的事情上，或比较相信自己的判断，对外界的敏感度会降低。

对于有主见的人来说，接受积极的心理暗示可以起到画龙点睛的作用。不容易接受外界暗示，也就意味着连同好的暗示一起拒绝了，思想和行为很难发生改变，包括积极方向的改变。

而对于比较容易接受心理暗示的人，他们的优点是容易被影响，缺点则是太容易被影响。无论是积极和消极的心理暗示，他们都比较容易接受。在积极暗示下，他们会向着积极方向发展，反之亦然。而当两种暗示同时出现的时候，他们就会左右摇摆不定。

过于钝感，或过于敏感的人都有各自的薄弱环节。人生在经过历练之后，应该形成一定的价值观和人生观，培养自己的判断能力，由被动接受，变成主动运用心理暗示。在灰心丧气的时候多给自己鼓劲，春风得意的时候提醒自己不要忘形。

近朱者赤，近墨者黑。我们要选好圈子，选好朋友和同事，受到好的人影响，会学到很多东西，产生积极的影响。

心理暗示能治病吗

德国最近有一研究发现，如果患者真的相信药物会发生作用，那么即便在使用假药的情况下，也可以导致其大脑释放止痛物质，达到与使用真药一样的效果。当患者期望一种疗法有效时，控制疼痛的大脑区域变得活跃，导致止痛物质内啡肽的分泌。结果，无论这种疗法有无直接效果，患者都会感觉更佳。

其实所有的疾病都和心理暗示有关：有很多疾病都是情绪的出口。尤其是皮肤与心理的相关性很高。焦虑或不开心都可以通过皮肤的痛痒表现出来。这是人体在用疾病的形式表达内心的痛楚。

人的情绪影响到免疫力。接受了好的心理暗示，情绪高昂的时候，免疫能力就强。曾有过实验证明：多与人接触，患流行性感冒的概率反而低。因为与人交往时由于情绪高亢，心情愉快，自我的免疫力就强大。如果害怕传染而总是窝在家里，感冒反而更不容易好。

所以，患者在配合药物治疗的同时，运用积极的心理暗示，增强免疫力，会对病情的治愈有所帮助。

胆小、敏感是人的性格问题。这样的人往往在童年和少年的性格培养过程中，接受过太多的负面心理暗示，如被家长，或身边的人反复告知"考试很难""手术会很痛苦"等，或出现过一些难以忘记的创伤性事件，才会像现在这样，容易过度焦虑，比别人更容易产生恐惧的情绪。对待这样的人，应该给他一些正面、积极的暗示，是完全有可能改变的。

一、告诉他别人正常的感受

当他习惯性地被一些事情心怀恐惧的时候，以平常人的角度告诉他：别人是怎么看待的。例如："我们觉得外出旅游是很有意思的事情，因为……"。让他看到自己与他人的区别。

二、多鼓励他参与一些事情，用事实去证实，别人的感觉其实更正确。

他们喜欢回避一些事情，这样就可以避免痛苦。如果鼓励他去尝试一些愿意尝试的事情，他会发现其实并没有这么可怕，心理上就会慢慢降低对事物恐惧的敏感度。

三、言语不如行动

除了言语上的鼓劲、暗示，最重要的是真正地培养自己的勇气。可以制订一些目标进行胆量训练，从最低水平开始，去尝试，达到这个水平以后，再制订高一点的目标。逐步改变过度焦虑的心理习惯。

参加武警的战士需要进行很多训练。而有些战士有恐高症，这是很严重的心理障碍，但军队利用一种强化训练，在带有保护措施的情况下，先鼓励这些战士主动进行高处训练，下一步再进行逼迫训练。听起来很残酷，但当他们经过了逼迫训练，闯过了那一关以后，他们就知道，并不是那么可怕。他恐高的敏感度也就降低，甚至消除了。

如何给自己积极的心理暗示

以下几种快乐的自我心理暗示,可以帮助我们更加乐观地面对生活,使自己变得自信。

1.用语言表达内心的感受

心理学研究中有一种"内省法",就是让人冷静地观察自己的内心深处,然后将观察的结果如实讲出来。这样可以使紧张的心情得到释放,人就会感到轻松一些。

2.把每一次失败都当作最后一次

每个人都会有不顺的时候,试着在最不开心和失败时对自己说:"这是最糟糕的了,不会再有比这更倒霉的事发生了。"既然已经到了最低谷,那么以后就该否极泰来了!这样的想法会增强心中的安全感,也会给自己信心。

3.不要总强调负面结果

我们不要总是这样提醒自己:"上次考试我就没通过""这段路总是出交通事故"等。因为越是这样,我们心里就会越紧张。所以,聪明人应这样说:"第二次考试比上次更有经验了""经过这段路时应该减慢速度"等等。这种积极的暗示和指导,比起向自己强调负面结果在效果上会好很多。

4.别给自己贴上失败的"标签"

不要总是对自己说"我的能力实在不行""大家都不喜欢我"这样的话。真正能够击倒你的人恰恰正是你自己。因此,应该多给自己一些激励与信心,成功一定会属于自信的人!

心灵悄悄话

内心极度痛苦的人很多时候并没有真正面临生存危机,而是情绪失控致使其对所受到的负面刺激缺乏合理的认知,主观上夸大该刺激的强度造成的。

第一篇　走出困惑的怪圈

19

无须苛求自己

每个人都有情绪,适度的负面情绪可以给人以激励,但别让负面的情绪来左右你的生活,造成困扰,要掌握自己的第一步就是掌握情绪。

负面的情绪有时来自他人,有时来自自身。为了不让负面情绪影响到你,最重要的是让自己对负面情绪有免疫的能力,别迷失在不愉快的情境中而无法自拔。

晴儿是一名外资公司的白领,收入颇丰。在外人看来她是成功而快乐的,但是她却越来越感到自卑和焦虑,经常感觉压抑、沉闷、抑郁,与同事关系紧张。晴儿经常反省自己的言行是否妥当,如别人有一点不满,即自责不止;工作认真努力,写一份文案需要修改多次却仍然不满意;由于身材稍胖,每天几乎不吃面食;对自己的长相、衣着要求也很苛刻,每天早晨必须用一个小时的化妆时间才肯出门。但越是这样她就越会经常与别人进行比较,发现自己的短处,这种感觉使晴儿长期失眠,陷入压抑、痛苦、焦虑的心理状态之中,严重影响了工作和生活。

其实,人不快乐的根本原因是我们不能接受所有的自己。过于苛求使我们失去更多,甚至越来越不能面对自己。

有这样的一个故事:

一位牧牛人,拥有250头牛。他每天都会到一个水草丰足的旷野放牛,让牛群优哉游哉地吃草、喝水。

有一天,忽然跑出一只老虎,咬死了一头牛,这250头牛,因此少了一头。牧牛人万念俱灰,他觉得少了一头牛,对他来说,已经不完美了。为此,他心中很懊恼,一直耿耿于怀!

过了几天,他觉得少了一头牛,已经不是原来的 250 头牛,那其余 249 头牛,又有何用呢?于是就将 249 头牛赶落悬崖,那群牛就这样全被他杀死了。

这个故事是说,人不要因为一次小小的失误,就抹杀了其余的美好。

人的一生难免有走错路的时候,我们不应该为了一点缺陷,就全盘毁弃。人并非绝对的完美,也非圣贤,总会有不甚完美的缺点,但是,不要因为那些小小的缺点,就完全抹杀了自己其他的优点。那是不公平的。

不要因为失去了一头牛,而抹杀了其他 249 头牛的生存权利。人生亦然,不要因为自己一点小小错误,而抹杀了其他的优点,接受自己的全部,才能拥有真实的自己。

在生活中,有各式各样的问题使人沮丧、悲哀、痛心、寂寞、内疚、懊恼、愤怒、恐惧、焦虑甚至绝望。所有这些情绪,都让我们心如乱麻,这种感觉比身体上的痛更令人难以忍受。

我们要接受所有的自己,不要因为失去某种能力或才华,而放弃自己其他的美好之处。看重自己的优点,改掉自己的缺点,就算你天生就失去某种能力或肢体上有缺陷,相信上天一定还会为你打开另一扇窗。

心灵悄悄话

情绪的感染有时像野火般迅速蔓延,不管是快乐或者悲伤的情绪都具有传染的因素。

除去内心的杂草

一个人,在尘世间走得太久了,心灵无可避免地会沾染上尘埃,使原来洁净的心灵受到污染和蒙蔽。因此,我们有必要定期除掉心灵的杂草。

心理学家曾说过:"人是最会制造垃圾污染自己的动物之一。"的确,清洁工每天早上都要清理人们制造的成堆的垃圾,这些有形的垃圾容易清理,而人们内心诸如烦恼、欲望、忧愁、痛苦等无形的垃圾就不那么容易清理了。因为,这些真正的垃圾常被人们忽视,或者,出于种种的担心与阻碍不愿去扫。譬如,太忙、太累或者担心扫完之后,必须面对一个未知的开始,而你又不确定哪些是你想要的。万一现在丢掉的,将来想要时却又捡不回来,怎么办?

每个人都有清扫心灵的任务。对于这一点,古代的圣者先贤看得很清楚。圣者认为,"无欲之谓圣,寡欲之谓贤。多欲之谓凡,得欲之谓狂。"圣人之所以为圣人,就在于他心灵的纯净和一尘不染;凡人之所以是凡人,就在于他心中的杂念太多,而他自己还蒙昧不知。所以,圣人了悟生死,看透名利,继而清除心中的杂质,让自己纯净的心灵重新显现。

其实,心灵的房间也是如此,如果不把污染心灵的废物一块一块清除,势必会造成心灵垃圾的堆砌,而原来纯净无污染的内心世界,亦将变成满池污水,让你变得更贪婪、更腐朽。

人的一生,就像一趟旅行,沿途有数不尽的坎坷泥泞,但也有看不完的春花秋月。如果我们的一颗心总是被灰暗的尘埃所覆盖,干涸了心泉、黯淡了目光、失去了生机、丧失了斗志,我们的人生轨迹岂能美好?而如果我们能"时时勤拂拭",勤于清扫自己的"心地",勤于掸净自己的灵魂,你也能体会到"竹外桃花三两枝,春江水暖鸭先知。蒌蒿满地芦芽短,正是河豚欲上时"的美景。

拂去自己心灵的尘埃,你可以迎来美丽的春夏秋冬:

春回大地,万物复苏,迎来美丽的春天。春天永远给人的感觉是生机和活力。昨天,细柳才黄,今天却是绿树成荫;昨天,桃树刚刚红了面颊,今天的桃花却染红了一片;仔细看来,争相怒放,挤满枝头,压弯树杈。昨天,杏树才怒出骨朵,今天,花朵却招展在枝头;真乃"一夜好风吹,新花一万枝"。春天,势不可当。"花气袭人知昼暖",置身春天,无论是谁,都会感觉到春花的馨香,会被无限的春红染得入神,会陶醉在暖暖的春意之中。春天的美好时光,给人无限的享受。

在夏天,你可以去体会万物在骄阳下傲然挺立的飒爽英姿。如果是晴空万里,你可以去河边体会"水光潋滟晴方好"的诗意;如果是雨天,你则可以去感受"山色空蒙雨亦奇"的意境。

秋天是一个收获的季节,更是好景连连,正如古人所说:"一年好景君须记,正是橙黄橘绿时。"看着院里挂满果实的梨树,你能不开心?闻着空气中弥漫着的果实的芳香,你能不开心?就是看看满街的落叶,也会带给你无穷的遐想。

冬天总是给人一种肃杀寂静、压抑的感觉,其实不然,冬天也有冬天的美丽。比如,去看雪、去体会陈毅元帅诗中那种"大雪压青松,青松挺且直"的诗意,不也是很美,很让人振奋吗?即使去看那光秃秃的树,在凛冽的西风的肃杀中沉着坚挺的样子,也让人感受到力量和希望。享受着这一切,你能说冬天不美吗?

现实当中的杂草,是我们可以看见的,随时都可以清除,而心灵的杂草有时却是我们无法察觉的,这就需要我们经常地反省自我,不要让杂草影响秋天的收获。

心灵悄悄话

的确,清扫心灵不像日常生活中扫地那样简单,它充满着心灵的挣扎与奋斗。不过,你可以告诉自己:每天扫一点。每一次的清扫,并不表示这就是最后一次。

心中的影子

我们遇到怀疑的事,不宜过早下结论,要客观、理智地去分析,才能够了解真相。尤其在生气的时候,不能像下面故事中隐喻的那样,夫妻见到自己的影子,不能冷静地思考分析,反被嫉妒心冲昏了头脑而伤了和气。

古时,有一对夫妻心胸很狭窄,总爱为一点小事争吵不休。有一天,妻子做了几样好菜,想到如果再来点酒助兴就更好了。于是她就拿瓢到酒缸里去取酒。

妻子探头朝缸里一看,瞧见了酒中倒映着自己的影子。她以为是丈夫对自己不忠,把女人带回家来藏在缸里,就大声喊起来:"喂,你这个死鬼,竟然敢瞒着我偷偷把女人藏在缸里面。如今看你还有什么话说?"

丈夫听了糊里糊涂的,赶紧跑过来往缸里瞧,他一见是个男人,也不由分说地骂起来:"你这个坏婆娘,明明是你领了别的男人回家,暗地里把他藏在酒缸里面,反而诬陷我!"

"好哇,你还有理了!"妻子又探头往缸里看,见还是先前的那个女人,以为是丈夫故意戏弄她,不由勃然大怒,指着丈夫说:"你以为我是什么人,任凭你哄骗的吗?你,你太对不起我了……"妻子越骂越气,举起手中的水瓢就向丈夫扔过去。丈夫侧身一闪躲开了,见妻子不仅无理取闹还打自己,也不甘示弱,于是还了妻子一个耳光。这下可不得了,两人打成一团,又扯又咬,闹得不可开交。

最后闹到了官府。官老爷听完夫妻二人的话,心里顿时明白了大半,就吩咐手下把缸打破。一锤下去,只见那些酒汩汩地流了出来。不一会儿,一缸酒流光了,缸里也没看见半个男人或女人的影子。夫妻二人这才明白他们嫉妒的只不过是自己的影子而已,心中很是羞惭,于是就互相道歉,重新和好如初。

在我们周围,总有一些人有着比我们更漂亮的容颜、更优秀的才华、更丰厚的财产,或者更高的官职权力。对此,我们无法做到无动于衷。我们的反应大约有三种:一是羡慕。羡慕别人的这种优势,赞美它、夸耀它。二是奋起直追。别人的优势激发我们的潜力,驱使我们通过自身的努力也去获取成功。三是愤怒与怨恨。面对别人的优势,心理失去平衡,非破坏别人不足以让自己的心灵宁静,这种反应即为嫉妒。

嫉妒实在是一把"双刃剑",伤人也害己。一个人若有一点嫉妒心,或许还是他前进的动力、奋发的源泉。可这种情绪犹如野草,稍一放纵便蔓生滋长,遍布整个心灵,同时也给自己的生活蒙上一层阴影。

很多时候,我们需要给自己的生命留一点空隙,就像两辆车之间的安全距离——一点缓冲的余地,这样可以随时调整自己。

如果你手中有一副牌,这牌不论好坏你都要把它打完。人也是这样,但唯一不同的是人生可以改变,而牌不行。还有,如果你打牌时输了,后果可以草草结束;生命不可以,输了一次,可能就要悔恨终生!

这一生我们可以一直生活在嫉妒别人的阴影里,也可以转身面向阳光。

我们不能决定生命长度,但我们可以扩展它的宽度;我们不能改变自己的容貌,但我们可以时时展现笑容;我们不能控制他人,但我们能掌握自己;我们不能预知明天,但我们能利用今天。

在生活中我们要让自己豁达一点,因为这样才能俯视一切。

心灵悄悄话

当我们把花送给别人时,首先闻到花香的是我们自己;当我们抓起泥巴抛向别人时,首先弄脏的是自己的手。因此,我们要时时怀好心,用实力击垮比自己强的人。

第一篇 走出困惑的怪圈

25

相信自己很重要

下面的这个故事，几乎所有的人看了都会笑，因为它太荒谬了。可是在生活中，我们也不同程度地扮演着学生的角色。从本质上来讲，我们受到别人的影响与干涉，是因为对方给了我们威慑力！

有一次，学生们向老师请教怎样才能相信自己。

老师让大家坐下来。他用手拿着一个苹果，慢慢地从每个学生的座位旁边走过，一边走一边说："请同学们集中精力，注意嗅空气中的气味。"

然后，他回到讲台上，把苹果举起来左右晃了晃，问："有哪位同学闻到苹果的气味了呢？"有一位学生举手站起来回答说："我闻到了，是香味儿！"老师又问："还有哪位同学闻到了？"学生们你望望我，我看看你，都不作声。

老师再次走下讲台，举着苹果，慢慢地从每个学生的座位旁边走过，边走边叮嘱："请同学们务必集中精力，仔细嗅一嗅空气中的气味。"回到讲台上后，他又问："大家闻到苹果的气味了吗？"这次，绝大多数学生都举起了手。稍停，老师第三次走到学生中间，让每个学生都嗅一嗅苹果。回到讲台后，他再次提问："同学们，大家闻到苹果的味儿了吗？"

他的话音刚落，除一位学生外，其他学生全部举起了手。那位没举手的学生左右看了看，慌忙也举起了手。老师也笑了："大家闻到了什么味儿？"

学生们异口同声地回答："香味儿！"老师脸上的笑容不见了，他举起苹果缓缓地说："非常遗憾，这是一只假苹果，什么味儿也没有。"

在这样的情况下，如果我们按照既有的思维定式去看这个世界，殊不知很多时候，世俗的眼光未必是正确的。

自从玛丽嫁到这座农场来的时候，那块石头就已经在这里了。石头的

位置刚好位于后院的屋角,而且是一块形状怪异、颜色灰暗的怪石。它的直径大约一米,从屋角的草地里突出将近两厘米。如果不小心的话,随时都有可能被它绊倒。

当玛丽使用割草机清除后院的杂草时,有时不小心碰到了石头,割草机高速旋转的刀片就会被碰断。因为常常造成不便,所以玛丽就对丈夫说:"能不能想个办法,把这块石头挖走呢?"

"不可能挖起来的。"丈夫这么回答,玛丽的公公也附和。

"这块石头埋得很深。"公公对玛丽说,"从我小时候,这块石头就在这里了,从来没有人尝试把它挖起来。"

石头就这样继续留在后院里。年复一年,玛丽的孩子们出生,然后成家,接着玛丽的公公去世,到最后,玛丽的丈夫也去世了。

在丈夫的葬礼过后,玛丽开始打起精神清理房子,这个时候她看见了那块石头,因为它的关系,周围的草坪始终无法良好生长。

于是玛丽拿出了铁铲和手推车,准备花上一整天的时间挖走这块石头。没想到才过了十几分钟,石头就已经开始松动,而且一会儿工夫就被玛丽挖出来了。

原来,这块石头只不过几十厘米深而已,于是,那块原本每一代房主都认定没办法移动的石头,就这样简单地被移走了。

如果玛丽没有亲自动手去做,关于这块石头挖走困难的"神话",或许也就这么继续流传下去了。

有时太尊重别人的意见,反而使我们失去应有的目标和快乐。所谓实践出真知,任何时候我们应该相信的都应该是事实,而不是别人的意见。

心灵悄悄话

我们要接受所有的自己,不要因为失去某种能力或才华,而放弃自己其他的美好之处。看重自己的优点,改掉自己的缺点,就算你天生就失去某种能力或肢体上有缺陷,相信上天一定还会为你打开另一扇窗。

第二篇

别让压力困住你

睿智的人在追求人生时，首先是追寻自我心灵的安宁。这是一种健康的生活态度。

在生活中，我们无法抗拒外来的诱惑，内心的贪婪总是不自觉地滋生。

得到了朋友的帮助，不仅不存感激，还贪婪地看着别人手中更多的钱财。做错了事情，因为侥幸没有受到惩罚而继续做更多的错事。

悟了这心宁心安之"道"，尽力保持心态的安稳、平宁，也就保持了清贫中的生命乐趣。要知道，珍惜自己的，冷观他人的，也是不错的生活态度。

停住匆忙的脚步，找个安宁的栖居地

　　每个人的个性、境遇都不一样，遇到的压力和解决的办法肯定也不相同。关键是你要找到能让你放松的方式。适合你的，就是最好的。内心的安宁才是真正的安宁！

　　这个世界太吵，太喧嚣。每当听到吵吵嚷嚷的声音，都让我感到害怕，想要逃避，迫切想要找个安静的精神栖居地。有时候我甚至听到手机铃声响，内心都会发抖。

　　不是我性格孤僻内向，而是我太渴望宁静。我害怕手机铃声响起，反感别人的追寻。"你在哪儿"四个字常常让我感到恐惧，就像被跟踪了一样，让人紧张。

　　超市、商场、书店、公交车、地铁……没有一处是安静的。只要一接电话，我的行踪就被暴露了。终于，我开始讨厌这座没有自由的城市。

　　社会喧嚣脏乱，不知何处有让我安宁的净土。我觉得自己很累，又无法摆脱。

　　很多人每天都在追求快乐，可是每天并不快乐。然而，什么是快乐？快乐的源头应该是心境，那就是内心的安宁。有了心的安宁，才有种种快乐可言。很难设想，一个终日担惊受怕、心事重重的人，一个满腹牢骚、愤愤不平的人，一个为情所困、辗转反侧的人，一个追名逐利、患得患失的人，生活中还有多少快乐可言。

　　一次，这位朋友家卫生间的顶棚渗漏了，不断往下滴水，按道理讲，应该是楼上邻居的责任，但楼上的人家一听要出钱找人修补，便支支吾吾极不爽快。其实我这位朋友收入并不高，但他了解这家邻居生活比自己还拮据，便主动提出修理费一家出一半。问题很快得以解决，大家相安无事，还因此成了好邻居。

　　有人说他傻，明明不该出的钱出了。他却不这样认为，受益者毕竟是自

己,如果僵持着,必然陷入长期的纠纷与烦恼中,不得安宁,就算是用点小钱买个安宁舒畅吧。

在现代社会,我们每个人不得不面对和承受各种压力。收入多少、职位高低、生活条件、工作环境等往往成了衡量一个人是否成功,是否实现了人生价值的标准,成了兄弟姐妹、亲朋好友、同学同事等评价的标准。这种评价标准,虽然有些偏颇,却也反映了一种现象。

为了达到自己更高的要求,我们要拼命努力,还要曲意逢迎;为了获得更多别人的认可,我们有时不得不隐藏自我,甚至违心去做一些事情。同时,我们还要承受各种各样的压力,比如说患病的压力、选择的压力。于是,我们有时哀叹"生不逢时""命运不济",有时抱怨社会不公,处事艰难,有时苦闷迷失自我,有时彷徨身心疲惫。我们感到孤独,但内心却充满了焦躁和不安。

记得我以前相对贫穷、没有拥有太多的时候,我喜欢热闹,因为我的内心是安宁的。可是,当我拥有越多的时候,我内心的安宁却越来越少。因为我总是担心失去,担心自己的拥有不能更多。

其实,更多的时候,我们需要停下来,寻找一个静静的地方好好去思考,深深去体会,该失去的就轻轻地放手,不想放弃的就忍一忍坚持,而需要做出抉择的是:哪些该放,哪些该收!

前几年,我结识了一个研究佛学的好朋友。从他那里,我读懂了很多佛语,也悟出了很多禅机。那些高僧和师傅们常常闭门,大部分时间是在思考和参悟,以获取内心的安宁。看透人生的高僧尚且需要时间思考与参悟,何况是世俗人间的我们呢?

人人都希望过上幸福、快乐的生活,而幸福、快乐只是一种感觉,与贫富无关,同内心相连。

在《论语》中,孔夫子告诉他的学生应该如何去寻找生活中的快乐。这种思想传承下来,对历史上许多著名的文人、诗人都产生了巨大的影响。

子贡曾经问老师:"贫而无谄,富而无骄,何如?"假如一个人很贫贱,但他不向富人谄媚;一个人很富贵,但他不傲气凌人。这怎么样?

老师说,这很不错,但还不够。还有一个更高的境界,叫作"贫而乐,富而好礼者也"。

更高的境界是，一个人不仅安于贫贱，不仅不谄媚求人，而且他的内心有一种清亮的欢乐。这种欢乐不会被贫困的生活所剥夺，他也不会因为富贵而骄奢，他依然是快乐富足、彬彬有礼的君子。

心灵悄悄话

　　有时，我们该停住匆忙的脚步，让思想沉淀，把思绪厘清，抛下会负累我们前行的。你会发现，其实暂停会让我们未来走得更快、更轻松，会让我们的目标更清晰。

适应能力越强，心理压力越小

休息是为了走更远的路！

在这个竞争激烈的社会，我们就像一头不知疲倦的老牛，后面拉着沉重的犁头，埋头耕田，不敢有丝毫的怠慢。稍微停下来歇息一下，就会遭到身后的皮鞭鞭打。

皮鞭其实来自我们的内心。我们害怕被社会淘汰，害怕因为自己的怠慢而失去现在的生活，所以我们一直煎熬着。上学的时候，我们最大的烦恼是学习压力；长大后，又被各种压力所烦恼。

现代社会瞬息万变，生活节奏日益加快，这就给职场上打拼的年轻人带来了前所未有的压力。对未来的期待，对工作的执着，对自己近乎完美的苛求……无一不困扰着他们，从而使很多人都陷入了巨大的压力旋涡，而不能自拔。

事实的确如此。现在的社会是一个充满压力的社会。在这种环境下，初入社会的年轻人很容易感到来自工作中的种种压力。甚至，有时候平白无故地就会感到疲倦起来。

有一些年轻人想着自己已经步入社会了，想参加工作了，更是迫不及待地希望通过自己的努力，获取一份好工作，回报自己的父母，积攒一些积蓄，以便自己买房买车、养家糊口等。

每天背负着这么多的压力，除了每天争分夺秒地努力，更是不放过任何业余的时间，连周末、节假日也用来学习或是报名参加一些培训班，虽然这些都是积极的表现，但任何事情都不能太过头。

小胡在广州一家外贸公司工作快3年了。市场竞争、行业竞争、同事竞争……日益激烈。她觉得这两年来，工作比以前更累；而且，她听说房价涨得厉害，所以不久前还买下了城北一套90平方米的房子，按揭的压力无疑压

到了她的头上。现在，她无比羡慕那些工作了十几年，家庭、房子、车子问题都解决停当了的人。

对于一个步入社会才 3 年的年轻人来说，按揭一套 90 平方米的房子，的确压力不小。现在社会，年轻人的压力，大多都是来自金钱上的压力。这就好比，为了多赚钱，10 吨载重量的车装了 12 吨的货物，车子发出了哼哼的呻吟声，上坡时更是拼了老命往上爬，突然熄火了，这下可把自己悬在了半空，哀切地眼巴巴地看别的车从自己身边开过去。不顾自身载重量超负荷地工作，只会让我们得不偿失。因此，有些事情，我们需要量力而行。

当然，压力是推动我们前进的动力，但压力过大，就会变成我们前进的阻力。我们只有适当地学会放松，心情放松了，效率才能提高，才能达到事半功倍的效果。

26 岁的解芳在旅行社工作。争强好胜的她在工作上从不甘居人后，总是带完一个团接一个团，一天的休息时间也不给自己留。日复一日像和尚念经一样"背诵"各种景点介绍，与各种难缠的游客周旋，让她觉得喘不过气——头疼隔三差五就找上门，渐渐地吃药也不管用了；脾气也越来越难以控制，有时还会和游客发生争执；习惯性便秘让她苦不堪言……

"我的身体就像五六十岁的人，这样下去，总有垮掉的一天。"终于，她决定给自己放一次大假。

她先是在家里好好睡了三天，每天去超市买菜，给男朋友做一顿温馨的晚餐。而后给自己报了一个自助游的团，去湘西过了一星期"闲云野鹤般的生活"。慢慢地在街道上走着，或者干脆坐在茶楼喝一下午茶，"再也不用马不停蹄地从一个景点赶到另一个景点，还要担心有没有落下游客。"

两个星期的"慢生活"结束后，解芳突然发现，头疼早已经消失了。

结束了这次假期后，她调整了自己的工作节奏。她不会再像以前那样，为了赚钱，没完没了地接团，从不休假。虽然别人的假期是她的工作，但她也意识到，自己同样需要一个假期。

适度的压力能使人挑战自我、挖掘潜力、富有效率、激起创造性，而不良的压力，不管其来源是什么，都会引起焦虑、沮丧、发怒等后果，造成各种生

理和心理疾病,影响我们的情绪和生活。那么,年轻人应该如何缓解工作压力呢? 下面的一些有效的建议你不妨试试:

善于整体规划。

有选择地而不是被动地接受所面临的各种事情,能使人感到轻松很多。最好的办法就是根据事情的轻重缓急做出规划,列出清单,这样既有一个整体规划,又能帮着将看似无绪的一堆问题分解成若干具体的小事,一件件应付起来就容易多了。完成一件,就在清单上划去一件,这样做带来的成就感足以鼓舞你将这一做法继续下去。

把压力倾吐出来。

把自己的痛苦和烦恼倾吐出来,把消极情绪释放出来,这是一种很好的缓解压力的办法。你可以找一个和自己经历比较接近的知心朋友谈谈你的苦恼,听取一些来自他人的建议。但最好不要把工作的压力告诉父母听,因为他们的生活环境、工作环境和你可能差别很大,帮不上什么忙,徒给家人增加烦恼。当然更不能把工作中的坏情绪带回家里,因为工作已经很乱,再把家里搞乱,那可是雪上加霜了。

不要忘了休息。

过重的劳动会导致人生理疲劳、效率低下,从而导致过分的焦急与紧张。适时放松一下,会对身心有益处。好好睡一觉,比较轻的忧虑和不快,通常在一个充足扎实的睡眠后就有可能消失。另外,有空运动一下,这是调剂心情的良方。参加某项自己喜欢的体育活动,或是旅游,看自己喜欢的书和电视节目。或干脆休假,放松一段时间,眼不见,心不烦。适当的休息不但会缓解大脑疲劳,而且可以放松一下紧张的心情,减轻心中的压力,周末应好好休息一下,毕竟工作不是生活的全部。

心灵悄悄话

你要记住,不要总是把自己逼得很紧张,一张一弛,文武之道。在紧张的生活中,我们要学会放松自己的神经。知道什么时候该加油,什么时候该休息。休息是为了走更远的路!

人生，不是得到就是失去

欲望太多，所以很累。欲望填满了，精神却空了。

从小到大，我们一直告诉自己，别人有的，我们也一定要有；别人能做到的，我们也一定要做到！

可是，随着时间的流逝，与别人攀比的时候，我们突然感觉到自己心有余而力不足，才渐渐明白自己的要强其实是一种虚荣。

生活中，谁都希望别人对自己另眼相看，谁都有虚荣。我们承认自己的虚荣心很强，但又改变不了自己，因为我们不让别人小瞧了我。

因此，我们总把自己弄得疲惫不堪。有时候，我们也不明白，这种"得到"与"失去"的生活，真的是我们自己想要的吗？

这个世界很精彩，随时都充满了诱惑。很多人都无法拒绝欲望的诱惑，最终沦落成自己贪欲的囚徒。

水中垂着一个挂满鱼饵的钩。

一条鲫鱼顺着鱼饵的香味游过来，向鱼饵看了一下，"真不错，是块美味的东西。"它没有因此而放松警惕，因为它记得不少同伴就是贪食鱼饵而断送了性命。鲫鱼赶紧游开："不能吃，这准是鱼饵。"

但鲫鱼无法抵御鱼饵那香味的诱惑，过了一会儿，又游到这个鱼饵旁边，对它又进行了一番研究和观察。

"不行，绝不能上当！这块东西一定是鱼饵。"鲫鱼警告自己，随即又游开了。鲫鱼游了不远，心里老记挂着这块鲜美的东西，不一会儿，又游回来了。它再一次对这块使它垂涎的食物进行仔细的观察和分析。

"也许危险不会太大。"它用尾巴投石问路似的打了一下鱼饵。

鱼饵在水中荡了几下，又垂挂在那儿纹丝不动了。

"看来问题不大，是我多虑了！"它在鱼饵旁转来转去，"上帝保佑！让我

冒险一次,仅仅这一次,说不定一点危险也没有……"

钓竿一提,鲫鱼上钩了。

在生活中,我们无法抗拒外来的诱惑,内心的贪恋总是不自觉地滋生。吃自助餐的时候,即使吃不了,也要把碗里装得满满的;得到了爱人的情感,不去珍惜,却更进一步希望得到对方全部的爱;得到了朋友的帮助,不仅不存感激,还贪婪地看着别人手中更多的钱财;做错了事情,因为侥幸没有受到惩罚而继续做更多的错事。

有一位朋友,买手机时总是挑最时尚的。但没用几个月,市场上就出现了更流行的款式。她就接着买新的,把不用的手机拿到二手市场便宜卖掉。对时尚的追求令她欲罢不能,几年里换了很多部手机。有一次她感慨万千地说,不断地换手机使她损失了上万元,但她现在用的手机还不是最新的款式。

我还认识一个女孩,她和丈夫在结婚前买了一套新房。房子面积不大,只有80多平方米,装修也很简单,没花多少钱。当时她的父母考虑到女儿的生活,要求男方买大一点的房子,豪华装修,否则不同意女儿去办结婚证。但是她却站在婆家的立场,反对自己父母的要求。

她说,对于她和丈夫的收入来说,这样的面积和装修是合理的。如果买大一点的房子并进行豪华的装修,那在以后的几年里,低收入的他们必须有节制地消费,有计划地还房款,何况他们每月都要给家里寄一些生活费,孝敬父母。那样的话生活将不再从容。

女孩说,她住进新房后感到很满足,不会羡慕自己的女同学们嫁了有钱人,更不在乎房子的面积是否够大,装修是否够漂亮。如果在自己和丈夫能力范围外去追求"豪华"的生活,她会一辈子都不快乐,因为现在的他们背负不起那样的压力。

这个女孩是一个聪明的人。她懂得自己需要什么,不需要什么。最难能可贵的是,她能对虚荣说"不"。生活中又有多少人被欲望吸引着越走越远,越走越找不到快乐呢?

有一个商人非常富有,但是也很懂得享受生活。有时候他宁愿放弃一单生意,也会睡个好觉。他经常给自己放假去旅游,以放松身心。

这样看起来,他浪费了很多可赚钱的机会。于是,有一个人便问他:"你工作一小时可赚钱50美元以上,如果每天休息一小时,一月就少赚1500美元,一年少赚1.8万美元以上,这值得吗?"

那个商人笑着说:"很多人都认为不值得,但我认为值得!现在我们来算算:假如一天工作8小时不休息,一天可赚400美元,那我的寿命将减少5年,按每年工作300天、年收入12万美元计算,5年我将减少60万美元收入;假如我每天休息一小时,那我除损失每天1小时50美元外,将得到5年每天7小时工作所赚的钱。现在我60岁,假设我按时休息可再活10年,那么我将损失15万美元,15万美元和60万美元谁大呢?"

这个人听了商人的话,觉得很有道理,因为商人懂得细水长流。

人生就像爬一座山,本来是到山顶看风景的,可身上背负着各种各样欲望的包袱,欲望越多越爬不上去,别说险峰上的无限风光无缘尽览,就连欣赏沿途景色的快乐心情也荡然无存。

在现实中,我们很少去想自己已有的东西,往往竭尽全力去追寻得不到的东西,好像那里有幸福和快乐等着我们,而恰恰在力不从心的追寻过程中忽视了眼下的快乐。要知道,珍惜自己的,冷观他人的,也是不错的生活态度。

心灵悄悄话

虚荣并不会让你得到更多,甚至让你原本拥有的也会失去。因此,不要让无穷的贪欲束缚了你的心。

网游可以减压，但绝不是好的避难法

网游，减压还是增负？

最近搬家了。搬到了一个不能上网的地方，突然与网络失去联系，我有点无所适从。短短的几天，好像与世隔绝了一般。寂寞，无聊，不安，紧张。

现在才发现，原来我对网络是那么的依赖。在网上，没有找不到的东西，可以交到情投意合的朋友，想怎么玩就怎么玩……关掉电脑后，感觉心里空落落的。

更糟糕的是，我发现，离开了网络我变得反应迟钝，字也写不好，话也不会说了。很难想象，如果有一天我彻底离开了网络，会怎样？会怎样继续生活下去？我真不知道自己还能做点什么。

有一个年轻人，每天8小时工作时间都是面对电脑操作的。下了班回到家里，第一件事情仍然是开机、上网。我问他为什么会对网络如此上瘾。

他回答说："我也不知道从什么时候开始的，每天不论是无聊的时候还是不无聊的时候，上网都成了我的第一选择。似乎挂在网上会给我一种安全感，即便我什么也不做，但感觉窗口的那一端有那么多人，似乎自己就不再孤独了。现在开机上网对我来说，已经是一种习惯动作了，再平常不过。"

网络已经是现代年轻人生活中不可或缺的一部分，在这个世界里，每个人都能通过聊天、游戏等方式，足不出户进行消遣娱乐；在这个世界里，每一个人都是平等的，可以为了自己的理想，张扬自己的个性，可以呐喊，可以哭泣；在这个世界里，我们可以找到很多谈得来的朋友，许多相同兴趣的挚友，甚至是自己的知心爱人；在这个世界里，我们可以找到适合自己的教程，沟通无障碍的老师，学到很多的东西。

尽管有这么多的好处，但是，有一点我们也必须认识到：网络除了给我

们带来诸多的便利外,同时也给我们带来了一些不利的因素。

　　一些年轻人因自控能力较差,上网后往往从这个链接再跳到那个链接,链接来链接去就迷失了原来上网的目的,下网后才发现自己要做的事情还没有做。还有些年轻人过分沉迷在网络的免费电影、免费小说上,没日没夜地在网上看连续剧和长篇小说,有的爱网上聊天、交友、泡论坛等,浪费了大量的宝贵时间,耽误了工作。

　　还有这么一个群体,叫作“宅青”,这一群人在网络中能够如鱼得水地和其他人交流,但就是足不出户,回到现实中来就不知道该怎样与人接触。

　　小肖在一家贸易公司工作,主要负责与客户联络业务。因为天天跟客户见面谈很麻烦,也很耽误时间,所以公司每位员工的电脑上都安装了QQ,通过网络跟客户联系。可没想到,QQ竟成了让小肖患病的罪魁祸首。

　　在网上,不管是跟朋友还是跟客户,小肖都有很多话说。经常通过网络与外界联系,小肖也游刃有余。自从与他人的联系建立在网上之后,小肖直接接触外界的次数渐渐减少,这给他的工作带来了极大的被动。

　　有一次,小肖约好了一位客户见面,本来在网上把注意事项都说得很明白,可见面后,小肖却十分紧张,竟然不知道要谈些什么。所有能谈到的东西他在网上都了如指掌,但当时他挖空心思还是想不出要谈的话题。就这样,合作没有谈成,那个月,小肖的业绩一下子落到了最后一名。

　　然而,一把聊天从现实生活中转移到网络上,他又马上变回了那个能说的自己了!可平时在网上聊得很投机的一些客户,到真正见面的时候他竟然不知道该做什么,浪费了好几个合作的机会!

　　很多朋友说他变了,变得不爱说话,其实不是他不爱说,是他实在是想不起来该说什么。对于这种情况,小肖苦恼不已。现在,他不敢与外界接触,只要有事情,就会跟对方约在网上见。

　　为什么网络会使一个平日里能说能笑的人,慢慢变成不敢与外界接触,害怕说话,但一到网上,立即感到才思敏捷、文思如泉涌的人? 其实,小肖这是一种“网络依赖”的行为。

　　长时间依靠网络与人交流,只会增加自己机械操作电脑的能力,因为与人直面接触的机会减少,人与人之间的喜怒哀乐难以真切地感受到,对自己

的心理调节和人际交往则有一定负面影响。

因此,在网络盛行的现在,年轻人更要很好地把握自己与网络的亲密程度,要明白,人与人面对面的交流还是很重要的,就算是网络生活也不是完全虚拟的,它是现实生活的一部分。防止因为网络而产生的交流障碍问题,一定不能让网络摆布自己。

心灵悄悄话

随着信息技术的发展,我们的工作和生活都离不开网络。网络拥有众多诱惑,几乎需要的一切都可以在网上找到;我们可以方便地传递信息,更快捷地得到资讯。

有付出就会有回报

对自己负责,保持坚韧的弹性,无论遭受多大的痛苦,都不要让消极的思想侵蚀你的灵魂。

一壶煮开的水,如果不继续烧,能永远保持住热量吗?

当然不能!煮开的水是热的,可是不继续烧,水温就会慢慢消退,直至变凉。如果想让水始终保持热度,就要不停地加火。生活也是如此!

很多年轻人为了实现自己美好的梦想,在刚起步的时候,拥有昂扬的斗志和决心,可是奋斗了一段时间之后,微小的进步和现实的磨难渐渐熄灭了他们的雄心,在他们即将成功的那一刻,他们却失去了追逐的热情,于是只能以失败收场。他们觉得自己很可怜、很可悲,他们觉得命运很不公平,明明自己拼搏了,却什么也没有得到。

实际上,并不是他们得不到成功,只是他们过早地放弃。只要他们不放弃追逐的脚步,始终保持对梦想的热情追逐,情况就有可能出现"柳暗花明"的转机。千万不要因为一时没有获得成就而放弃自己的拼搏,或是因此对生活失去希望,对生活缺乏热情。这是一种消极的情绪,是一种萎靡的心态,甚至会让人跌入堕落的无底深渊。

小章自认为是那种一心想通过自己的实干,来实现或者得到价值体现的人。可是,大学毕业后的生活却完全不理想,现实与自己的想象背道而驰。他换了好几份工作。第一份工作虽然苦一点,但是待遇还可以,所以坚持了 8 个月,最终因为觉得没有什么发展空间而选择了辞职。

他的第二份工作是在一座繁华的城市某家公司做行政。这份工作跟第一份工作的待遇差不多,但是却比第一份工作轻松。他做得也非常认真,在这里做了一年多时间,自认为各方面都不错,跟公司的同事们相处融洽,业务工作也完成得很好。可是突然,有一天,老板的一个亲戚取代了他的职

第二篇 别让压力困住你

43

位,他莫名其妙地就失业了。

这让他受到了很大的打击。重新找工作,等待,然后一次又一次的面试。三个月过去了,他的心态上也有了很大的改变,自己做得再好,只要老板一句话就可以把他辞掉,他觉得这个社会太不公平了。

最终他对工作产生了厌恶感。在一家小公司做行政工作,总是找不到上班的感觉,没有了以前的那股冲劲,虽然他服从安排,甚至不去计较什么,但是他始终都处于无所谓的状态。

每个人的理想不是一天就能实现的,每个人的成功也不是一天就能获得的。在人生的道路上,很少有人会一帆风顺,遇到挫折总是难免。这时,我们需要保持最初的热情。无论外界的环境如何的恶劣,周围的人对你如何的不公平,你只需想着你的目标是什么,你需要如何达到这个目标,你就会热情饱满。

很多人觉得自己的付出没有得到相应的回报的时候,会感到心酸和失望,或是觉得自己再也没有力气去折腾了。要知道,很多人的成功就是在不断地"折腾"中产生的。

即使生活平淡如水,也要懂得调整自己,让平静的水面泛起涟漪,时时刻刻让自己保持对生活、对人生的热情和信心。这样,你的热情就一直很饱满,思考力与创造力一直都很旺盛。

纽约有支橄榄球队,他们的热心观众很少,支持他们的力量很弱,结果他们自己也觉得没什么信心,比赛起来也没什么热情,表现很差。

后来他们到了波士顿,这里的市民对这支新来的球队很是好奇,支持他们的热情十分高涨。比赛时球场挤满了人,这里的市民都相信这支球队一定可以取胜。

望着场外热情的市民们,这支球队感到了一种很强烈的被信赖感,受到了极大的鼓舞。于是,他们在比赛中重新找回了信心和热情,表现越来越好。次年,他们就几乎跃登联赛的首位。

一个人的热情就如同油灯上的火焰,如果不断给它加油,它便能一直燃烧下去。那么,如何才能让热情之火不灭呢?

不满足于现状。

为了保持长久的生活热情，你必须经常提醒自己还有更多的追求，并保持征服的欲望，面对困难和新目标的时候，投入最大的努力，以旺盛的激情去实现这些目标。比如，在工作上，当我们的工作和事业达到一定程度的时候，一定记得给自己设置新的目标，这样的话，我们才会有新的方向，有新的动力，也才会有旺盛的工作激情。

不要让自己生活在疲劳中。

疲劳的人最容易对生活失去热情，最容易放弃"折腾"。如果一个人长期从事一些单调、机械的工作活动，中枢局部神经细胞由于持续紧张而出现抑制，会致使人对工作、对生活的热情和兴趣明显降低，直至产生厌倦情绪。所以，平时的工作中，要对自我有一个客观正确的估计和要求，不能对自己要求过高过急，凡事要讲求适度，根本办不到的事不要硬拼蛮干，不要让自己的身体长期超负荷运转。在自己的最佳精神状态下工作，工作的效率才会最高。

总之，你要坚信，自己的付出一定会有所回报！

心灵悄悄话

坚持，不放弃。有很多年轻人，缺乏耐心。在前进的路上，遇到一点困难马上就掉头往回走，结果总是走在他人的后面。不管做什么事，只要放弃了就没有成功的机会。

第二篇　别让压力困住你

忘掉过去，给快乐腾出空间

学会遗忘，是成熟的过程。任何时候都要保留一份美丽心情！

我觉得自己是个失败的人，从小到大一直受人欺负。在小学时，同学们取笑我太胖；中学时，老师曾经看扁我，因为成绩不好；这些曾让我刻骨铭心的疼痛，让我现在都无法面对生活。我忘不了那些伤害过我的人，一想起来就咬牙切齿。

或许有些事永远都不能忘记，我不相信时间真的可以冲淡一切。我经常一个人回忆那些痛苦的经历，很累，感觉走不出过去的泥潭。难道这些伤心往事真的要一辈子缠绕着我，让我一辈子不能安宁吗？

我们的人生经历中的一起一落的波折，有欢乐，有悲伤，有甜蜜，有痛苦……正是这丰富多彩而未知的人生路程，才使得生命富有价值，富有意义。面对欢乐，我们欣喜若狂；若面对痛苦，我们又该怎么办呢？

如果你的脑子里整天胡思乱想，背负着那些让你烦恼和忧愁的东西，那你会感到前途是那么的渺茫，有事没事总是要把自己的伤心往事拿出来说说，以表示自己的委屈，结果你会发现自己在不知不觉中变成了祥林嫂，永远生活在过去的阴影中。

我们大脑的储存量是有限的，要学会忘记那些已经不重要的东西，腾出地方来存放新的知识。这就好比，在我吃东西的时候，我们会很自然地挑选自己喜欢吃的去吃，而把不喜欢吃的东西放在一边。其实，回忆也应该是一样，我们要学会选择性回忆。把一些不值得回忆的经历放在一边，去回忆那些美好的时光。

晓筱和倩茜是大学里非常要好的同窗好友，毕业后她们相约一起去应聘工作。在经过了初试和复试后，二人都很幸运地被一家企业相中了。令她们难以接受的是，企业只留用一人。这就意味着，她们将成为竞争对手。

虽然这样,但两人商量在试用期里大家公平竞争。

这是一家国有企业,不仅有着丰厚的薪水,而且福利待遇也很不错,逢年过节都会发一些日常用品。因此,她们两人都很珍惜这来之不易的机会。在试用期间,她们除了认真学习和工作外,也经常地帮助部门做些力所能及的事情,比如在经理秘书到来之前帮忙打扫卫生等。

一天早上,在擦桌子的时候,倩茜不小心把部门经理的茶杯打翻到地上了,正在拖地的晓筱看到倩茜一脸慌神的样子,也开始为她担心了,因为听说那茶杯是经理已故母亲送给他的最后的礼物,他视若珍宝。现在打碎了他的宝贝,那就等于"在太岁头上动土"。正当两个人不知所措的时候,秘书进来了。

看到秘书走过来,慌慌张张的倩茜更紧张了,生怕秘书把事情怪到自己头上来,冲着晓筱大声说:"看看你,做事毛手毛脚,现在把杯子打碎了,看你怎么交代?"然后又讨好一般给秘书说:"我在拖地,她在擦桌子,把经理的杯子打碎了,不关我的事。"不善言辞的晓筱放弃了对自己权利的维护。

经理听信了倩茜的说辞,在试用期满的时候,因为这件事辞去了晓筱,留下了倩茜。

渐渐地,两人的关系也随着晓筱的离去开始疏远。倩茜开始后悔当初的做法了,觉得很愧疚,不应该把自己的过错强加在别人身上,主动地向她道歉;可是,晓筱却把那件事情记得很牢,不愿意原谅她,甚至恶语相向。

倩茜心里很难过,总是一遍又一遍地自责,后悔当初自己的栽赃,觉得自己心地很肮脏,渐渐地,倩茜不再像以前那样乐观活泼了,处处感觉低人一等,没有了往日的自信。而晓筱因为一直不愿意忘记那次倩茜对自己的伤害,总觉得人心巨测,再好的朋友也靠不住,她对别人总是不愿付出真心,自然也交不到一个贴心的朋友,常常感到孤立无助,很疲惫。

晓筱因为放不下过去,才会使得自己曾经的好朋友为了弥补自己早先犯下的错误,而背负起一个沉重的包袱,也让自己快乐不起来。如果她们懂得"放下"那些不开心的事,情况肯定会截然不同。经历了波折后的她们,或许能够更加珍惜彼此之间的感情。

所以,我们要把人生中太多的不快和烦恼,给予摒弃,只把该保留的保留下来,把不该保留的予以抛弃。那些给我们带来烦恼和忧愁的人和事,实

在没有必要在若干年后还在回味或耿耿于怀。这样,人才能过得快乐一点、洒脱一点。

无论你遭受过多大的苦难,有过多么糟糕的情绪体验,都不要刻意地去想那些不开心的事情,而应该用开阔的胸怀接纳周围的人和事,对往事淡然处之,用理智过滤过去自己思想上的杂质,保留真诚的情感,它会教你陶冶情操。只有善于遗忘,才能更好地保留人生最美好的回忆。

心灵悄悄话

> 遗忘是件很困难的事,曾经刻印在脑里的记忆或许很难遗忘,然而,为了更好地生活,为了你的生活里不再常常是阴暗,你必须要学会遗忘,懂得放下。彻底遗忘的确很难,但至少我们要学会淡忘,千万不要刻意地去回忆那些不开心的经历,这样只会让那些坏情绪在你内心中得到强化,让你无法摆脱以前的阴影。

第三篇

不要成为自己的敌人

你是否曾经觉得自己就是自己最大的敌人？许多人都有这样的经验，不论做什么事，结果往往不能如愿。只好不断责怪自己。人不要担心不被人用，而是担心没有被人用的价值。机会多的是，你做了什么样的准备？

世界上没有救世主，命运掌握在自己手里，快乐掌握在自己手里。快乐不快乐是个人的主观感受，一定要学会调节自己的情绪和心态，不要跟自己过不去。天永远塌不下来，一定要给自己一条退路。一旦战胜自己，也就在思想上有了一个飞跃，人生就会打开新的一页。

保持内心阳光

当我们身处阴影之中,破茧而出其实并不困难。只要自己的心不倒,什么力量也不能把你击倒。最重要的是在内心深处把阳光锁定,时刻保持一颗健康明丽之心,让内心充满阳光。

你是否曾经觉得自己就是自己最大的敌人?许多人都有这样的经验,不论做什么事,结果往往不能如愿。只好不断责怪自己。

人的一生总会遇到一些恶人,如流氓、无赖、小人,但看穿了,人最大的敌人,还是自己。一个人能战胜自己,也就攻无不克,战无不胜了。怕的是自己患了病,茫然不知,处事犹豫不决,或过高地估价自己,因此而自大;或过分地崇拜他人,因此而自卑。一旦战胜自己,也就在思想上有了一个飞跃,人生就会打开新的一页。

正如你是自己最大的敌人一样,你也可能成为自己最好的朋友。当你能接纳自己,心灵变得成熟起来,你就会欣喜地发现你已经成为自己最好的朋友了。确定一个长远的目标,并着手培养自己的能力,修正自己的错误。当你开始行动时,你就会了解到真正支持你迈向成功之路的人,正是你自己。

有一个潦倒落魄的人,非常想使自己糟糕的处境有所改变,然而在工作上却偷奸耍滑、应付了事。他认为自己的薪金太少,在工作上偷懒是应该的。这样的人并不懂得改变处境的方法,他的懒惰、自欺欺人,不仅无法摆脱贫穷,还会使自己深陷于困苦之中。

这个故事说明了这样一个道理:**自身是造成当处环境的原因**。一些人一方面展望美好的人生目标,另一方面却不断抱怨自身的处境,将所有原因全部归咎于他人,因此失败的例子比比皆是。人只有真正懂得思想的巨大作用,环境才不会成为失败的借口。

有人说,没有爬不上去的山,只有不敢爬山的人。

那么,我们在爬山之前,需要准备些什么?

有堂中学的生物课,老师在讲解植物的光合作用重要性之前出了一道脑筋急转弯的题让同学们猜:有一样东西,它随处可见又来去无踪,唾手可得又珍贵异常,人们不可须臾离开它却又时时把它遗忘。结果,有人答风雨,有人答爱情,有人答金钱,还有人答老师,就是没有人答出正确答案——阳光。

戴尔·卡耐基曾说过:"快乐的人生,意味着心中充满阳光。"

我的事情我做主

一个人一辈子只能活一次。若都按照别人的心意去活,自己人生的意义又在何处?

生命匆匆,不必委曲求全,不要给自己留下遗憾。以自己喜欢的方式生活,做自己喜欢做的事,造就一个独特的自己才是最重要的。

现实生活中,有的人也像这种毛毛虫一样,一辈子都在盲目地跟着别人的脚步走,一点儿也不清楚自己要的是什么,然而当生命即将终了的时候,才发现原来自己并不曾真正活过。

他人气我我不气

人生不如意十之八九,不公平的事多矣,何不让自己活得潇洒一点、快活一点?

气是由别人吐出来而你却接到口中的那种东西,你吞下便会反胃,你不看它时,它便会消散。

清光绪年间,东阁大学士阎敬铭曾写了一首《不气歌》:"他人气我我不气,我本无心他来气。倘若生气中他计,气下病来无人替。请来医生将病治,反说气病治非易。气之为害太可惧,诚恐因气把命废。我今尝过气中味,不气不气真不气。"

宋初,一位名叫高防的名将,他的父亲战死沙场,16岁时他被澶州防御使张从恩收养,后来做了军中的判官。有一次,一个名叫段洪进的军校偷了公家的木头打家具,被人抓获。张从恩大怒,为严肃军纪,下令要处死段洪进以警示众人。在情急之时为了活命的段洪进编造谎言,说是高防让他干的。本来高防还准备为其说情减罪,但现在自己也被他牵连进去,不仅失去了说话的机会,自己还蒙上不白之冤,那个气啊!但转念一想,军校出此下策也是出于无奈,想到凭自己与张从恩的私交,应承下来,虽然自己名誉受损,但能救下军校的性命也是值得的。所以当张从恩问高防是否属实时,高防就屈认了,结果军校段洪进免于一死,可张从恩从此不再信任高防,并找借口把高防打发回家。高防也不做任何解释,便辞别恩人独自离开了。直到年底,张从恩无意中得知了事情的真相,才明白高防是为了救段一命,代人受过。于是张从恩专程派人把高防又请回军营任职。云开雾散之后,高防不但没有丧失自己的生存空间,而且获得了更多人的尊重。

别让自己太受累

累了,就歇一会儿,学着放松自己,给自己一点时间去休息,是谓享受人生。

现代社会中,工作和生活的节奏不断加快,竞争也日益激烈,假如不注意调整自己的心态,就很容易感到身心疲劳。

一位医生给一位企业家进行诊疗时,劝他多休息。这位企业家非常不高兴地说:"我每天承担大量的工作,没有人可以替我分担。你知道吗?我每天都得提着一个沉重的手提包回家,里面装得满满的都是急需处理的文件!"

"难道别人不可以帮助你吗?你的助手呢?"医生非常讶异地问道。

"当然不可以!只有我自己处理的事情才能放心啊!而且我还必须尽

快处理完,否则公司就无法运营下去。"

"这样吧!现在我开一个处方给你,你不妨试试看。"医生用商量的口气说。

企业家听完医生的话,读一读处方的内容——每星期空出半天的时间到墓地一次;每次散步两小时。企业家非常奇怪地问道:"为什么要我去墓地呢?"

"因为——"医生不慌不忙地回答,"我是希望你可以四处走一走,看一看那些与世长辞的人的墓碑。他们中的很多人生前也和你一样,认为离开自己一切事情都难以做好,可现在他们全都永眠于黄土之中,你或许有一天也会加入他们的行列,但是整个地球上的活动还是照样不断地进行着。我建议你站在墓碑前好好地想一想这些摆在眼前的事实。"

医生这番苦口婆心的劝说终于打动了企业家。他采纳了医生的建议,转移了一部分职责,放慢了生活的节奏。他的心已经趋于平和,感觉比以前活得更好;他的事业更是蒸蒸日上。

不要和自己过不去

生活中,我们每一个人都有自个的性情。许多的时候,我们会感受到自己的生活不充足,自己欠缺得太多,自己处处不如别人,于是就感到心里很痛苦。此刻,我们应该学会安慰自己,不要和自己过不去。

人穷不能志短。物质贫乏不可怕,可怕的是心理贫困。贫困常与潦倒相连,人穷常与志短相关。心理贫困,富也会沦为贫穷;心理富足,穷也能转为富裕。物质贫乏加上万念俱灰,会很快摧毁一个人的身体;自信自强,虽暂时物质贫乏,但好日子也会很快到来。人穷志不短,自强不息。

学会喜欢自己。盲目自大自尊,是骄傲无知的人生,一味自暴自弃,是消极悲观的人生。了解自己比了解别人更困难,喜欢自己比喜欢别人更不容易。拥有健康的恰当的自尊心理,面对挫折会表现得格外坚强。不为外界的诱惑而丢失自我,不为一时的挫折否定自己,时时客观冷静地评价自己,每每乐观中肯定地赞赏自己。

活得必须充实。把每一天过好是最大的幸福。快乐源于每天的感觉良好。总忧虑明天的风险,总抹不去昨天的阴影,今天的生活怎能如意? 总攀比那些不可攀比的,总幻想那些不能实现的,今天的心情怎能安静? 任何不切实际的东西,都是痛苦之源,生命的最大杀手是忧愁和焦虑,痛苦源于不充实,生活充实就不会胡思乱想。

不要跟自己过不去。学会自己欣赏自己,等于拥有了获取快乐的金钥匙。欣赏自己不是孤芳自赏,欣赏自己不是唯我独尊,欣赏自己不是自我陶醉,欣赏自己更不是故步自封。自己给自己一些信息,自己给自己一点愉快,自己给自己一脸微笑,何愁没有人生的快乐呢? 经常要自己给自己过节,学会寻找愉悦的心情。不要活得太累。常有人感叹,活得真累。累是精神上的压力大,累是心理上的负担重。累与不累总是相对的,要想不累,就要学会放松。生活贵在有张有驰。心累,使人长期陷于亚健康状态;心累,会使自己精神不振。

要有自己的活法。自己的伤痛自己清楚,自己的哀怨自己明白,自己的快乐自己感受,也许自己眼中的地狱,却是别人眼中的天堂;也许自己眼中的天堂,却是别人眼中的地狱。生活就是这般的滑稽,不要总疑春天总是在人家,关键在于自己心态的调整,过好自己的生活最重要,不攀不比。

警惕不良欲望。人们总叹息"飞蛾扑火",人们总讥讽"鱼儿上钩",人们总是笑话"自陷泥潭"。但是如果自己仔细想一想,在我们生活的周围,这种欲望的悲剧还少吗? 人心不足蛇吞象。放纵自己灵魂的人,最终会失去真正的自由,必须时刻警惕不良欲望。

不必一味讨好别人。讨好每一个人是不可能的,也是没有必要的。讨好每一个人,等于得罪每一个人。刻意去讨好别人只会使别人产生厌恶。亲近别人要自然,投机心态要改变。有时间讨好,不如踏踏实实做事。讨好别人总是靠不住的,自己努力才实实在在。一味讨好别人就会失去自我,充实自己很重要。

居安思危。莫被一时之得冲昏头脑,一味陶醉于暂时的胜利,自己一定要居安思危,切莫居功自傲,扬扬得意。陶醉于胜利之中,意味着驻足停顿,意味着失去警惕。人生路上要永不松懈,胜利仅仅是一个小小的路标。要想取得最后的胜利,只有努力、努力、再努力。莫为一时之得所迷惑,谁笑得最晚,谁就笑得最开心。

应当欢乐有度。适当的娱乐活动能调节情绪,无休无止的欢乐却易转益为害。物极则反,数穷则变,"大凡快意处,即是多病处。""棋可遣闲,易动心火。"一味狂欢尽兴是肤浅的人生,换来的往往是痛苦的悔恨。尽兴有度是达观的人生,乐极生悲不局限于娱乐方面,涉及人生的方方面面。欢乐与悲哀是伴生的,欢乐有度则欢乐常伴。

不要过于计较别人的评价。没有一幅画是不被别人评价的,没有一个人是不被别人议论的。

心灵悄悄话

自己要是沉默,有人会指责"城府太深";自己要是善于健谈,有人又会指责夸夸其谈;自己要是赞美别人,有人会指责别有用心;自己要是善意批评,有人更会暴跳如雷,认为多管闲事。光看别人的脸色,自己还活不活,拥有自我,又不囿于自我。

困 惑——举杯消愁愁更愁

56

只有自己才能吓倒自己

有句名言："一个人的思想决定他的为人。"此语概括了人生的全部内容，道尽人间百态。人内心的想法可以通过其行为不折不扣地反映出来，所有思想都会集在一起，便形成了其独特而丰富的人格。如同没有种子的发芽就没有禾苗的茁壮成长一样，人们外在的言行举止都是由内心隐藏的思想种子萌芽而来——无论是自然行为，还是人类刻意为之，这一点都毫无例外。如果说行为是思想绽放的花朵，那么快乐与痛苦就可以被看作思想结下的果实。

收获快乐还是痛苦，全部取决于自己的思想。思想造就出个性，一念之间往往决定一生的命运。如果人心包藏歪念，痛苦就会接踵而至，犹如车轮一样碾过；如果心诚意正，快乐便如影相随，永远陪伴左右。

很多时候，当我们身处恐惧之中，使我们更加恐惧的并不是生活中的某些事物，而是指导我们行为的思想。

有个国王非常残忍，经常草菅人命，甚至在每次处决死刑犯时，他都将之视为一种刺激和娱乐，想要不断尝试更新奇的花样。

一次，有一位犯人被告知自己第二天将要被处以极刑，行刑的方式是在他手臂上割一个5厘米大的伤口，让血一滴一滴慢慢流，直到他遍身痛苦，鲜血流尽为止。

犯人听了惊恐不已，眼睁睁地看着自己的生命流逝，这简直比五马分尸更加残忍。犯人百般哀求，但国王却无动于衷。

第二天一大早，这位犯人被带到一个小房间中，并被五花大绑，牢牢地锁在一面墙壁上。墙上有个刚好可以伸进一条手臂的小孔，刽子手把他的一只手从孔中穿到墙的另一面，让犯人看不到自己的手。

接着，犯人感到一阵灼热的疼痛，刽子手在他的手臂上割开一个洞，并

且在地上放了一个瓦罐来盛血。

"滴答……滴答……"鲜血一滴一滴地滴进瓦罐中，四周安静无声。

不一会儿，他觉得身体越来越冷，意志也随着鲜血消逝了；他手脚发软，整个人瘫了，挣扎了几下就死了。

而在墙的那一边，他手上的那个小伤口早就不流血了。刽子手在靠近墙壁的桌子上放着一个水瓶，那些"滴答滴答"的声音其实是水瓶中的水通过漏斗管子滴进瓦罐里的声音。

国王这次玩的花招叫作"心理暗示"。他用一种强烈的心理暗示，让犯人自己杀死自己。

心灵悄悄话

每个人都知道在完成自己的目标之前，多多少少都会遇到困难，但却不是每个人在碰到困难时都会思考：这个困难，到底算不算是"困难"？是不是真正的困难，必须动手去做才会知道。如果你只在一旁空想，那么这个世界对你而言，将会是个被重重"困难"包围的可怕环境，而你，永远也无法破除魔障，往前再走一步！

拥有驱散黑暗的亮光

芸儿·维赫曼曾说过:"把室内的灯打开后,我们不禁怀疑,黑暗有什么好怕的。"是的,当你把一切看得清清楚楚,恐惧感就会自动瓦解,但是万一缺少了赶走黑暗的这盏灯,你该如何驱除心中的恐惧呢?

很多时候,打败自己的不是别人,而是自己。

有一处地势险恶的峡谷,涧底奔腾着湍急的水流,几根光秃秃、颤悠悠的铁索横亘在悬崖峭壁之间,它是通过此地的唯一路径,经常有行者失足葬身涧底。

有一天,一个盲人、一个聋子和一个耳聪目明的年轻人来到桥头,他们需要从这几根铁索桥上攀走过去,别无选择。经过短暂的商议,三个人开始一个接一个抓住铁索过桥了。

盲人心想,我眼睛看不见,不知山高桥险,可以心平气和地攀附。聋人说:"我的耳朵听不见,不闻脚下的咆哮怒吼,惧怕相对会减轻许多。"于是,盲人和聋人便从铁索桥上走过去了。那个健全的人一边自我激励一边鼓起勇气开始过桥。刚走出十几步路,当他看到桥下的险象,听着咆哮的水声,想象着自己从桥上掉下去的各种惨状时,内心变得越来越惧怕。再看看距离对岸起码还有50步路那么远,他的信心马上崩溃了,双腿也开始发软。他决定停下来放弃过桥,于是拼命地抓紧手上的铁索,慢慢地转过身去。然而,就在此时,他一脚踩空终于从铁索桥上跌了下去,随着一声惨叫这个健全的年轻人便一命呜呼了。

应该说心理惧怕是自信的敌人。假如一个人在某件事情上很自信,那么他在这方面基本上就不会有惧怕;反之,假如缺乏信心,惧怕心理就会更加强烈。人们惧怕 SARS 但不惧怕感冒,为什么? 这就是因为人们对感冒的

治疗有信心,但对 SARS 却完全没有把握。惧怕心理的消极作用是不言而喻的。这种心理一旦产生,它将严重地阻碍人们行动的勇气,而且对人的身心健康有很大的危害。例如,有的人惧怕某种疾病,他可能丧失与病魔斗争的勇气;有的人惧怕成功,他在差一点点就能成功的路上放弃了所有的努力;有的人惧怕上司,与公司上司接触时会变得语无伦次、动作拘谨等。经验告诉我们,人们经常怕这怕那,实际上在所有这些担心当中,只有极少的事情会发生,而且远远不像当初想象得那么可怕。大多数的事情,往往是人们自己把困难夸大了,将一些问题想得过于严重了,从而徒增恐惧感,自己把自己吓得止步不前,甚至倒下。

因此,我们要记住人的生命只有一次,是父母的给予和上苍的恩赐。生命本身就是一种幸福。这仅有的一次生命,我们应该珍惜,不要轻易被心理恐惧所打败。

美国克莱斯勒汽车公司的首脑人物李·艾柯卡,当初在福特汽车公司效力时,曾因工作不被信任而遭辞退。也就是这次辞退,大大激发了他的自尊心,从此奋起,终于事业有成。

我国著名历史学家蔡尚思在年轻的时候也曾多次失业,一次被解聘后,他无事可干,便一头钻进了南京图书馆,利用一年多时间翻阅了大量的历代文集,收集了大量的资料,为他日后的研究打下了扎实的基础。因此,他的朋友称他"这段生活与其说是失业,还不如说是得业"。

心灵悄悄话

无数的实例证明,不管是战场、商场,还是情场,人们面对的劲敌往往不是对手,而是自己。只要你自信,不害怕,你的手中就有了能使你走出阴影的明灯。

赶走你的萎靡不振

许多人身上有一种最难治也是最普遍的毛病,那就是萎靡不振。萎靡不振会令人完全陷入绝望的境地。

如果一个年轻人萎靡不振,那么他的行动必然迟缓,脸上必定毫无生气,做起事来也会手忙脚乱、不可收拾。

优柔寡断、迟疑不决对人格修养有着很大的伤害。优柔寡断的人一遇到问题常常东猜西想,左思右量,不到逼上梁山之日绝不做出决断。久而久之,他就养成了遇事不能当机立断的习惯,他不会相信自己。由于这一习惯,他原本所具有的种种能力也会跟着退化。

一个萎靡不振、没有主见的人,一遇到事情就习惯性地"先放在一边",说起话来吞吞吐吐、没有力量;更为可悲的是,他不大相信自己能做成事业。相反,那些意志坚强的人习惯"说干就干",凡事都有主见,并且有很强的自信心,能坚持自己的见解和信仰。

有一部题目叫《小领袖》的作品,描述了一个凡事都优柔寡断、迟疑不决的人。他在小时候就说,要把附近一棵挡了路的树砍掉,但却迟迟没有动手去砍。随着时间的流逝,那棵树也渐渐长大,到他两鬓斑白时,那棵大树仍然挡在路中间。最后,那老人还是说:"我已经岁数大了,应该去找一把斧头来了!"还有一个艺术家,他早就对朋友们说,打算画一幅圣母马利亚的像。但他一直没有动手,他成天在大脑里设计人物的姿势和配色,一会儿说这样不好,一会儿说那样也不好。为了构思这幅画,他无心做其他事,但是直到他死了,这张他整日构思但一直没有下笔的"名画"还是没有问世。

对于世界上的任何事业而言,不肯专心、没有决心、不愿吃苦,是绝不会有成功的希望的。取得成功的唯一道路就是下定决心、全力以赴地去做。

碰到事情迟疑不决、优柔寡断、无精打采的人,无法得到别人的信任和帮助。只有那些精神振奋、诚实肯干、意志坚决、富有魄力的人,才能在他人心目中树立起威信。

面对手头的任何一项工作,我们都要集中全部精神和所有力量尽力去做。即便是写信、打杂等微不足道的小事,也要集中精力去做。与此同时,一旦做出决定,就应该立刻行动;否则,一旦养成拖拉的坏习惯,未来成功的希望就十分渺茫了。

世界上有很多人在埋怨自己的命不好,别人为什么能成功,而自己还一点成就都没有呢?其实,他们不理解,失败的原因在于自己,例如他们不肯在工作上集中全部心思;做起事来,无精打采、萎靡不振;没有远大的理想,在事业发展过程中也没有排除障碍的信心。

以无精打采的、拖泥带水的状态,随随便便的态度来做事,就没有成功的希望。

只有那些意志坚韧、勤勉努力、决策果断、做事敏捷、反应迅速的人,只有为人诚恳、充满热忱、血气方刚、富有思想的人,才能把自己的事业引向成功的轨道。

在城市里,我们常常可以看到一些到处漂泊、没有固定住所,甚至吃了上顿没下顿的人,他们都是生存竞争赛场上的失败者,败在那些有能力、有决心的人手下。主要原因就是他们没有坚定的意志、振奋的精神,所以,他们的前途肯定是一片惨淡,而这又让他们失去了再度奋斗的勇气。现在,可能他们唯一的出路就是四处流浪。

其实,世界上很多失败者的一生都没有犯大的错误,就是做事情容易半途而废,遇到挫折不求上进,结果一事无成。他们没有坚强的意志,没有持久的耐力,更没有敢作敢为的决策力,以至于陷入失败的境地。

心灵悄悄话

其实,如果及时反省,再寻找一个切实的目标,立下决心,并能持之以恒,成功的希望其实就在眼前。

给自己一个亮丽的心灵

人的一生的确充满许多坎坷、许多愧疚、许多迷惘、许多无奈，稍不留神，我们就会被自己营造的心灵监狱囚禁。而心狱，是残害我们心灵的极大杀手，它在使心灵凋零的同时又严重地威胁着我们的健康。

有一个美国年轻军官接到调动命令，将他调派到一处接近沙漠边缘的基地。他原本反对新婚的妻子跟着他离开都市生活去沙漠受苦，但妻子为了证明夫妻同甘共苦的深情，执意陪同前去。年轻军官不得已只好带着妻子前往，并在驻地附近的印第安部落中帮妻子找了个木屋安顿下来。

基地夏天酷热难耐，风沙多且早晚温差大，更糟的是部落中的印第安人都不懂英语，连日常的沟通交流都成问题。几个月后，妻子实在是无法忍受这样的生活，于是写了封信给她的母亲，除了诉说生活的艰苦难熬外，信末还说她准备回繁华的都市生活。

她的母亲回了封信，信的内容很短，其中说："有两个囚犯，他们住同一间牢房，往同一个窗外看，一个看到的是泥巴，另一个看到的则是星星。"看过母亲的信件后，她便对自己说："好吧！我去把星星找出来。"

从此后她改变了生活态度，积极地走进印第安人的生活中，学习他们的编织和烧陶，并迷上了印第安文化。

她还认真地研读许多关于星象天文的书籍，并运用沙漠地带的天然优势观察星星，几年后出版了几本关于星星的研究书籍，成了星象天文方面的专家。

人们常常会抱怨失败总是比成功多，却很少去思考失败的真正原因，而只是轻率的将之归咎于大环境，并且认为这是我们每个人都无法改变的。

其实认真想来，打败自己的并不是环境，而是自己。环境不会为我们做

任何改变,唯有去改变自己并走进我们的世界,才能找到生命的依归处与生活的目标。

既然心狱是自己营造的,人自己就有冲出心狱的本能,那么,还是让我们自己动手,拆除心灵的监狱,挣脱心灵的枷锁,还自己以亮丽的人生吧。

心灵悄悄话

很多时候,在人生的海洋中,我们犹如一条游动的鱼,本来可以自由自在,寻找食物,欣赏海底世界的景致,享受生命的丰富情趣。但突然有一天,我们遇到了珊瑚礁,然后自己就不愿再动弹了,并且咕囔着说自己陷入绝境。想想不可笑吗? 自己给自己营造了心灵的监狱,然后钻进去,坐以待毙。

第四篇

肯定自己

在人生的旅途中，难以避免遇上挫折。面对挫折，如果失去了奋进的勇气，熄灭了探求的热情，任自己在逆流中退缩，使绿色的生命变成片片凋零的黄叶，然后随着流水漂得无影无踪，这样，前途就不会有光明。相反，如果你确立了进取的志向，鼓起了前进的风帆，就能磨炼出自己坚韧不拔的性格，前途就会无限光明。心理成熟者有时也会批评自己的表现，也会觉察到自己的缺点和错误，但他知道自己的动机和目标是对的，他会把精力花在改进自己的不足或缺陷上，却不会对着自己的过失和弱点悔叹不已。

建立起属于自己的价值观

　　肯定自我的第一步,是不再用别人的标准来判断自己;建立起自己的价值观,并把它应用于生活,同时学会独处,减少对自我的挑剔。

　　除非我们能喜欢上自己,否则我们真的无法喜欢别人。那些仇视一切事物的人,厌弃和虐待自己同胞的人,会更强烈地表现出受挫感和深深的自我厌弃。

　　健康、成熟的人的标志之一是"喜欢自己",当然这里并不是指自以为是,而是冷静、客观地接受自己,并怀着人类的尊严感接受自己。

　　一个心理成熟的人,不会躺在床上默想自己哪儿比不上别人,或为自己没有像张三那样自信或李四那样积极进取而自我厌弃。

　　心理成熟者有时也会有批评自己的表现,也会觉察到自己的缺点和错误。但他知道自己的动机和目标是对的,他会把精力花在改进自己的不足或缺陷上,却不会对着自己的过失和弱点悔叹不已。

　　成熟的人无论是对自己或是别人,他都抱有同样的宽容心,他不会因为自己有一些弱点而活得痛苦不已。

　　现今,如果你留心观察,你会发现医院的病房里住着很多对自己感到厌恶的人,而且还有成千上万遭遇情感和精神困扰的人,这些都是与自我无法相处的极端例子。

　　在这个竞争激烈的社会里,我们过于注重物质的成功和社会名望的追逐,过于强调赶超别人,这种现象与现代许多人精神上的疾病或障碍大有关系。

　　我们很少有人会勇气十足地独树一帜,清楚明了自己究竟拥护什么。我们的行动往往会受社会和群体的影响。比如,我们的衣、食、住、行或思考的方式,往往与周围的人十分接近。而一旦我们的个性跟周围环境显得格格不入,我们便常常会变得神经过敏或不快乐,会感到失落和茫然,甚至会

发展到讨厌自己。

多年前,有一位太太就曾受困于这种冲突而感到迷惑不解。她丈夫是一个有野心、积极进取并有点独断专行的成功律师。他们的社交圈子大都是由与她丈夫类似的,以社会名望和成就来衡量人价值的所谓名流组成。这位太太性格文静、谦虚,但在这种圈子里,她只感到压抑和受轻视,那些人压根没人欣赏她所具有的优良品质。为此,她变得越来越沮丧,越来越不自信,因为她总也不能达到那些人对她的要求,她变得越来越不喜欢自己。

其实,这位太太大可不必如此苦恼。她的问题并不在于如何委屈自己去适应环境,而是在于她如何接纳自己:快快乐乐地接受真实的自己,摆脱想要成为一个完全不同的人的压力。她还应懂得"天生我材必有用"的意义,明白每个人都只能依照自己的性格行事的必要性。明白了这一点,她就对自己恢复了信心。

美国的布里居丝曾经发起一个蓝色缎带的运动,内容就是每个拿到缎带的人,在上面写着"我可以为社会创造一些价值"的事迹送给别人。

一位女士送给他不苟言笑的上司一条缎带,上面写着:"由于你的严厉,让我学习到严谨的做事态度,非常感谢您。"这位上司非常讶异,由于自己的不苟言笑,人缘并不佳,却有人会把他的严苛态度当作正面的影响,并且向他致谢。此时,上司的态度由强硬转变为柔软。

另外,这位女士同时送给上司另外一条缎带,希望他也能写一些"我可以为社会创造一些价值"的话送给别人。上司左思右想,平常对儿子总是百般苛责,很少有机会赞扬他。于是上司在蓝色缎带上写道:"亲爱的儿子,由于你的存在让我感到骄傲,引以为荣。"

当儿子看到这条缎带上面的字号啕大哭。原本以为父亲一点也不在乎他,以致他有了轻生的念头,然而这句话却让他的人生观产生了一百八十度的大转变,在缎带中儿子找到了自己的存在价值,找回了生命的意义。

一句肯定别人的话,让人重拾信心。当没有人肯定我们的时候,我们也可以自己发掘出自己的存在价值。例如:牡丹花固然娇艳动人,香水百合幽幽淡淡的清香亦惹人爱怜;香浓的咖啡固然醉人,淡淡的清茶亦甘醇。

这个社会是一个分工的体系,每个人在人生的舞台上,也许扮演着不同

的角色;每个人也都各有其与生俱来的秉性、特性,谁也不比谁强。因为一台机器缺少了一根螺丝钉,就会造成运转的困难;一个企业体系里缺少了清洁人员就没有清爽舒适的工作场所。

我们很容易肯定别人存在的价值,比如说某人很漂亮,人缘很好,能力很强。然而我们有时候会忽略自己的存在价值,以至于产生自卑、没自信的心态。从现在开始,我们可以试着在肯定别人存在价值的同时,也可以找一找自己的存在价值。

正向的人生观包括肯定别人也要肯定自己的存在价值,大家一起来努力吧!

心灵悄悄话

我们应肯定自我价值。在人生的旅途中,我们会遇上曲折,但只要我们不放弃,正确地把握住自我,生命的价值就不会因为逆境和挫折而贬值。

形成正确的价值标准

价值标准是走出迷失的向导,但是,只有正确的价值标准才能指导我们走上正确而成功的道路。

个人价值评价的绝对标准指的是人的行为和存在对整个人类社会的发展、进步所具有的或大或小的意义,从根本上说,也就是指对促进与解放生产力及对推动历史车轮前进而发挥的或大或小的作用。

在两千多年前,我国古代思想家孟子就曾说过:"生,亦我所欲也;义,亦我所欲也。二者不可得兼,舍生而取义者也。"

德国唯物主义哲学家黑格尔曾指出:"个人的价值就在于代表民族精神,参与创造。"

美国大发明家爱迪生曾说:"世界上没有一种具有真正价值的东西,可以不通过艰苦辛勤的劳动能够得到。"

这些历史人物都尝试从最终的、永恒的意义上去寻求价值评价的标准,虽然其中经常会多少掺杂一些不科学的,甚至是唯心主义的成分,但都会给后人或多或少的启示,都含有一定科学合理的成分。

所谓相对性,指的是对人生价值的评价标准随着社会和历史时期的不同而发生变动的特征性。对某一历史事件或某一具体个人作评价时要具体地、历史地去看。"江山代有才人出,各领风骚数百年。""长江后浪推前浪,一代新人换旧人。"不同的时期有不同的英雄人物,不同时期又有各自相对独立的评价标准,显示了不同时期、不同社会的价值取向,用同样的模式、同样的尺子去套用是不行的。同样是鲜花,月季和紫罗兰会散发出不同的芳香,很难说哪种芳香更具价值,不同的人会有不同的理解。同样,很难说炮兵与装甲兵何者在战争中的价值更大,演员、思想政治工作者、运动员何者在精神文明建设中更有价值,贡献更大些,也同样无法衡量。

人生价值还具有功利性与非功利性。我们经常可以看到和听到组织上给先进个人、作出重大贡献和突出成绩的个人记功授奖，晋级加薪，有一些科技人员还享受高标准的住房、汽车等特殊待遇，人们对此都羡慕不已，并借此激励自己。这反映了人的价值标准具有功利性。因此，我们应该鼓励人们去发展自我，建功立业，要求人们尽量摆脱消极、低级的人生价值观，追求高尚、无私、完善的人生价值观。

社会对个人的满足和尊重是人的价值实现的另一方面，是建立在个人对社会的贡献和责任基础上的。谁的贡献越大，获得的社会认可和尊重就越大，个人价值就越高。一些人对社会没有贡献，甚至是负贡献，那么，他就不会得到其他人的尊敬。这反映了人生价值标准具有非功利性。

《史记》是被鲁迅先生誉为"史家之绝唱，无韵之离骚"的中国第一部纪传体通史，在历史上和文学上都具有极高的价值，同时它也体现了作者司马迁的个人价值，但在当时他从来没有得到过任何荣誉和报酬。在社会主义的各行各业中有很多工人、农民、教师担负着大量的社会工作，这些人的人生价值就体现在对人民、对社会默默无闻的奉献之中。

谁不希望青春能够有所作为，谁不向往人生熠熠闪光，活出价值来！只要你努力，作出贡献，就会实现自己的价值。

心灵悄悄话

正确认识自己就会客观地评价其他人的贡献，树立正确的人生起点，端正人生态度。既心怀抱负，也脚踏实地；既目标远大，也善于把握细节。

你的独立价值

每个人都是伟大的,没有人能替代。每个人的成功对于自己而言,都具有不可比拟的价值。

你的人格是独立的。你的存在,给五彩缤纷的世界增添了一个新的闪光点。

当你独自在繁星朗朗的夏夜,凝望天际,思索人生的真谛时,当你独自经过艰难的跋涉,终于登上了一座高峰,展望眼前生机盎然的沃野时,当你独自漫步在春风新绿的小溪边,让水珠溅湿你的脚背,让小花亲吻你的膝盖时,你一定能十分真切地感受到你的存在,感到你在宇宙间的独一无二。

你也许觉得你不必顶天立地,只要存在就足够了。但你实际上已经顶着了一片天,立足于一片地。只有明确地意识到自己的重要,才能不断超越自己、完善生命。

你的成功如果用社会公认的天平来衡量,可能不是分量最重的,但不要紧,要紧的是你获得了成功,你的成功证明了自己的价值。

林帆是一个五年级的学生。在学校组织的劳动中,他总是比别人做得慢。他为此很难受,他对妈妈说了自己的感受。

妈妈教育他说:"孩子,不要难过,你班上就只有一个林帆吧,你的学习是你自己完成的,你的劳动也是你自己完成的。这就说明你在班上是独一无二的,没有你,你们的团体就是不完整的,你是不可缺少的。你在团体中完全有独立存在的价值。"

林帆在以后的劳动中,总是想起妈妈的话,尽力把工作做得又好又快。虽然他还是班上做得慢的同学之一,但他不再感到难受,而是一丝不苟地做完属于自己的工作。

总之,你要常常想自已是独立的,你不比任何人差。你完全可以全力以赴地去做你想做的事,然后心安理得地品尝成功的滋味。不管处于何种情境,你都可以声无惧色地说:"这个世界不能没有我。"

心灵悄悄话

　　你的成功是独立的。世界上有千千万万的人,每个人都有自己的事业。别人的功绩写不到你的簿上,你的果实也不会装进他人的兜里。别人可以分享你成功的欢乐和成果,但成功本身只属于你自己。

第四篇　肯定自己

恰如其分地认识自己的能力

恰如其分地认识自己的能力是认识"我是谁"的关键因素。比如，未定目标的时候，千万别犯好高骛远的毛病。如果你的目标过高过远，超出了能力范围，就会使你因达不到而半途而废。最好的办法是：先搞清楚自己的能力，量力而行，并且目标要定得合理而适度。如果你不知道自己价值几何，在推销自己的时候，就难以评估应得的报酬是否合理。所以，给自己估价，是极其重要的一环。

如果你认为自己是千里马，就应该主动去找伯乐。你应该从事发现自己的工作，然后展现自己、推销自己，只有这样你才有可能发现自己的价值所在。

其实，正像你现在的工作并不等于你整个人生一样，你的价值也并不是由你的地位和薪水来标定的。你的价值是按"公允的标准"综合评定的，而不是真正价值的体现。所以，发工资的时候，你大可不必牢骚太盛。

换句话说，自我是在群体及社会中实现的，而不是在真正的自我奉献中实现的。也许我们很难认识到这一点，而你一旦把两者区分开来，就会正确而又客观地评价自我。

报酬是片面的，而你的身价却是综合的反映，一个出色的人，他所产生的价值，用薪水是不可能准确衡量的。从某种意义上说，薪水只不过是你所服务的组织对你所付出劳动价值的一种谦虚而礼貌的报偿，实际获得的报酬并不能与你自身的价值画等号。

只有增加本身实力才能为别人所倚重。如果说你得到的报酬在某种程度上标定了你的身价的话，那么你还可以通过增加本身实力来获取更高的报酬。不是吗？

在追求目标时，千万别犯好高骛远的毛病，你的目标过高过远，超出能力的范围，会使你自暴自弃。

请牢记："仔细审视自己的能力,量力而行,目标才能定得合乎实际。而要达到更高目标,获取更高报酬的最好方法,就是使本身的实力增加。"

在现实当中,如果你给自己开个单子,列出你拥有的最大资产,将是一件极其困难的事。

即使列出来,也不能做到准确而完全。但有一点是可以肯定的,金钱、地位及你所拥有的华车豪宅,并不是你的最大资产,你的最大资产是能力。

美国实业界巨擘、福特汽车公司前任总裁、美国克莱斯勒汽车公司前任董事长李·艾柯卡,之所以能使几度陷于绝境的克莱斯勒重新焕发光彩,资金显然并不重要,他的无形财富才是成功的根本保证。用他自己的话说就是:交际能力。可以说,艾柯卡之所以能创造企业重建的奇迹,完全是凭借本人渊博的学识、广泛的知名度、无畏的勇气、过人的胆识等无形的财富形成的。

你的学识、热情、自信、与人相处以及灵活应变的能力,既是你的无形财富,也是你的最大资产,拥有了它,无论你是自行创业或为他人服务,你都能够有能力来开创自己的事业。

心灵悄悄话

善用你自身所具有的优秀品质,恰如其分地认识自己的能力,是你走出迷失自我、拥抱成功的资本。

摒弃自己无价值和失败的观念

构造一个虚拟的自我,一个超人式的、自高自大的、以自我为中心的自我,并不是自我意象的最终目的,因为上述种种意象,是不属实和不符合实际的。这与卑屈的自我相似,我们的目的是认识真实的自我,促进我们的心理意象向我们真正的样子接近,才是我们的真正目的。心理学家发现,低估自己的人大部分对于改变自己没有多大的兴趣,这样就在无形中又贬低了自己的价值。

当然,如果你是个极端固执的对自己持有错误观念的人,你总是认为自己有这样那样的不足,不敢勇敢地去展示自我,那么,你的生活会是一个悲剧,与其在悲剧中被折磨,还不如现在就把自己掩埋了。

李静然参加过一次市级画展。那次画展,她的作品只受到一位中学生的青睐。这位中学生后来成了她的丈夫,也是赚得友谊业——卡片制造公司的总经理。那次画展后她收到一封热情洋溢的求爱信。在信中,男青年说她几乎画出了他童年的一切,他的童年就是牵着一头牛长大的。"可是,几十年后的今天,你却画得那么象、那画上的牧童就是我。"李静然感动得热泪盈眶,两手发抖,这是她收到的第一封情书。她不知道以什么样的态度来对待,好几天专门写封信都不能准确地表达自己的态度,她渴望爱情,可又不能像那些正常女孩一样拥有,想拒绝又不想拒绝。

最后,她找到一张质地非常好的纸,通过剪贴,然后在上面画了一个太阳和一轮残月,在空白处写道:"虽在同一片天下,却是两个世界。"不久,那男青年将那轮残月用红色补圆,在下面写道:"虽是两个世界,却在同一片天下。"从此,李静然设计自制了很多这种卡片寄给那位青年男子,直到那位勇敢的男士找上门来说:"我知道你残疾,可这与我爱你有什么关系?你不要在乎什么,你觉得你毫无用处,可你错了,你的双手会创造一个很富有的世

界。"说着从包里拿出李静然寄给他的所有自制卡片，"每当我收到你寄来的这些自制卡片，我就像看到一个世界，看到你的心，它像一种魔力一样吸引着我，令我百看不厌，我想，既然卡片有这么大的吸引力，我们为什么不做一些去卖呢！我也没有职业，只是替别人推销书籍。""我赚得友谊的财富，为友谊的未来美好构想服务，别人得到感情，我得到金钱，我觉得自己赚得很崇高，这是一项伟大的事业。"很显然，李静然那次展出的作品只有一幅，画的内容是一个光头牧童牵着一头苍老的牛，在一望无际的大地上，朝着太阳走去。她有资格参加画展，是因为有关人士的同情，绝对不是由于艺术造诣达到了一定的高度，因为她是一位残疾姑娘。由于身体的缺陷，她不可能像其他姑娘一样去上大学，到社会的大熔炉里锻炼，只读完初中便落入家的樊笼。为了打发百无聊赖的日子，她拿起了画笔。

李静然的上半身虽是美女的模样。可不幸的是，小儿麻痹无情地夺去了她那双本该美丽的双腿。在生命的缺陷中，李静然无法组建健康的心理和完美的心灵世界，她自杀过四次，最后以父母全力抢救而失败。她觉得自己的一生将毫无作为，只能成为社会和家庭的累赘。她拿起画笔的那一天没有什么特殊的兴奋感，也没有什么伟大目标，她知道自己找到了一种消磨时间的方式，可她没有意识到这种消磨时间的方式会为她带来一个美好的世界。

李静然激动地发现，男青年很帅，又坦诚。为了加强感情，她按照他的指点创造了许多卡片，男青年利用推销书的机会试着去销售，起初无人问津，后来有一些小学生购买。有一次，一位小学生说："不买不买，手工做得不好看。"小学生的一句话使男青年茅塞顿开，来到李静然面前信誓旦旦地宣布开办明信片制造公司。男青年到处借款，厂房租好了，各种设备齐全。李静然一看这种阵势，只好彻夜不眠，进行各种友谊卡片的设计，第一批产品刚一上市就畅销一空。

那位男青年用挣来的钱还清所有债务的那天晚上，李静然答应他留宿在自己身边。两人艰苦创业，第一次挣够十万元的那一个月，他们举行了婚礼。现在，两人的业绩达到了150万元（年纯收入）还有两个儿子，创造的友谊卡已超过80多种。公司职员60人，在全国各地都建有自己的销售网点。

"我们赚得友谊的财富，我们是友谊的使者！"李静然在一次宴会上对朋友们说，"所以，我们得到了良好的回报。我要感谢我的丈夫，他不但拯救了

我,也拯救了一项事业。如果没有他,我这双能够创造财富的手将一文不值,我一生也将碌碌无为。所以,我要告诉大家一个秘密,所有的人手里都握有很多财富,只要用心去发现,它就会供您使用。"

倘若你内心的画像是被自卑包裹着的,认为自己处处低人一等,你就应该立即把这种观念抛弃,因为那是一幅扭曲和失真的画像,错误的就必须而且只能丢掉。坚强地抬起你高贵的头颅,不做自卑的牺牲品,做描绘生活的艺术家。沉着、自信、乐观是你应当具备的,别人的同情怜悯对于你毫无实际意义。

心灵悄悄话

发现真正的自我,了解和确信真正的自我,是我们每一个人的愿望。我们要相信改变的可能性,认清改变过程中显露的真我。

认清真实与虚幻

创造一个不真实的自我，一个全能、自傲，以自我为中心、目中无人的自我，是与现实背道而驰的。这种自负的自我与自卑的自我一样与实际不相容。发现"真正的自我"才是我们的目的。大部分人认为，绝大部分人是低估自己，并缺少改变自己的欲望，因此贬低了自己的价值。"自我优越情绪"实际上也并不存在。有"自我优越情绪"的人，往往经受着自卑的折磨——他们的"优越的自我"是虚构的，他们内心深处不为人知的自卑感和不安感，不仅是为了不被别人发现，更是为了不被自己发现。

心理学家威瑟尔海德博士认为，假如我们把自己认为是被自卑所笼罩、没有进取心的三流角色，我们必须坚定地改变自己的头脑中这幅错误的图像，如不加以根除就会产生负面的作用。上帝把我们塑造成能够胜任伟大事业的人，赋予我们沉着、自信和开朗的性情。上帝需要我们做描绘生活的艺术大师，而不是可怜的失败的作品。我们必须正视自我，承认改变的可能性。正视自我的改变是我们每个人必须学会的。

将自我的愿望和梦想形象化、具体化，加上对成功的自信，你就一定会成功。决定自身命运和事情结果的，是一个人的思想愿望。按照成功目标来对问题进行思考应该成为习惯，根据具体条件来规划自己的目标，应把自己的思维方式与目标统一起来。

积极、明确地对目标进行思考，将使你的梦想更快地变成现实，而消极、懈怠的思维只会导致梦想的最终破灭。由于主观上的自卑和忧虑超过了现实中存在的危机，因此放弃实现自己的目标是许多意志薄弱者的做法。我们害怕挫折、害怕嘲讽、害怕贫穷，尤其是害怕自尊的丧失。这些隐匿于暗处的怪物，只不过是我们自己臆造出来的虚构幻影而已。如果被这些怪物控制了我们的思想，就会使我们意识不到思想在人生中起的作用。思想有时会带来挫折和痛苦，但更多的时候带来的还是我们所向往的美妙事物、光

明前途。

　　但是不要曲解这一观点。在任何成功法则中尽管实现目标的欲望是一个不可或缺的要素，但是，如果不对自己的希望采取实质性的行动，梦想转化为现实仍是不可能的。仅仅靠思维和想象，任何奇思妙想都不可能到达现实中成功的彼岸，为了成功而努力工作是成功的唯一途径。成功不会自己从天上掉下来，它是一步一步积累起来的实际行动的结晶，你只能一步一步地向前走，好莱坞流传的一句名言说得好："十年辛苦，一夜成名。"

　　你的想象和对于成功的信念会将你引向正确的道路。把握时机制订正确计划并迈出坚实而有力的第一步，是极其重要的。做了足够的调查研究并全力以赴地去做了，你才能够顺利地完成你的计划。

　　总之，要驾驭你自己的思想。思想是你的，它是你的仆人。指挥你思想的只能是你自己。还要牢记，要驾驭好自己的思想，必须有聪明而又清醒的头脑作为后盾。

心灵悄悄话

　　将自我的愿望和梦想形象化、具体化，加上对成功的自信，你就一定会成功。决定自身命运和事情结果的，是一个人的思想愿望。按照成功目标来对问题进行思考应该成为习惯，根据具体条件来规划自己的目标，应把自己的思维方式与目标统一起来。

第五篇

乐观很重要

乐观的人处处可见"青草池边处处花""百鸟枝头唱春山";悲观的人时时感到"黄梅时节家家雨""风过芭蕉雨滴残"。

一个心态正常的,人可在茫茫的夜空中读出星光灿烂,增强自己对生活的自信;一个心态不正常的人,让黑暗埋葬了自己且越埋越深。

因此,无论何时何地身处何境,都要用乐观的态度微笑着对待生活。微笑是乐观击败悲观的有利武器。微笑着,生命才能将不利于自己的局面一点点打开。

忧虑，毫无意义

忧虑使我们总在紧张地关注那些过去了的或是根本就还没有发生的事，使我们忽视眼前的时光。

其实，这样的忧虑毫无意义。我们应当学会对自己说："这件事情只值得我担一点点心，没有必要去操更多的心。"

卡耐基有一句名言："我们每天生活在美丽的童话世界里，但是，我们却看不见，感觉不到，这是为什么呢？"

在这里，卡耐基告诫人们，我们生活的周围有很多美好的东西，只是我们没去发现。我们每个人自身都有很多优点，只是我们一再忽略了它们，而我们却把眼光放在了我们的缺点、不足和一些不愉快的事情上面。

著名作家史铁生有一部小说《命若琴弦》，讲述了一个盲人整天为自己看不见而烦恼，于是他到处求医，想治好自己的眼睛。后来有一位郎中告诉他，你从现在开始弹琴，等你弹断一千根琴弦以后你的眼睛自然就好了。盲人信以为真，从此开始练习弹琴。他的生活每天都在琴声的陪伴下愉快地度过了，后来他迷上了弹琴，感到自己的生活充实了许多，人也变得乐观起来了，也不再考虑自己还是个盲人。等到一千根弦都弹断了，他的眼睛并没有亮起来，可他却不再求医治病了，因为他已经意识到自己的很多闪光点和潜力完全可以弥补自身的不足，使自己的生活更加充实，使自己的人生更加乐观和愉快。

然而，我们不得不认识到，为了大大小小的事忧虑，似乎已成为当代人的习惯。美国宾夕法尼亚大学所作的一项研究指出，美国 5% 的人中每天至少花一半的时间忧虑。而另一项研究报告宣称，如今每三个有忧虑情绪的人当中就有一个有严重的心理问题。

忧虑除了作茧自缚、自寻烦恼以外，毫无用处。昨天的事无法挽回，明天的事也影响不了你，忧虑只是在浪费自己的精力而已。

研究表明,我们在忧虑中消耗的精力,有40%消耗在关于那些从未发生的事情上,30%是关于已经发生的事情,22%是关于那毫无意义的芝麻小事,4%是关于我们无法改变的事情。以上加起来消耗的96%精力,都花在了我们无法控制的事情上,只有4%的忧虑是关于我们能真正付诸实行的事情。

为我们所不能控制的事而忧虑是白费心思,反正自己都不能起什么作用,不如顺其自然;为我们所能控制的事担忧也是白费,因为你可以控制事态不向你忧虑的方向发展。结果是,我们的忧虑是百分之百地浪费了时间和精力。

忧虑不仅对我们毫无积极作用,而且还会造成很多的负面影响。忧虑使人恐惧、不安、内疚和懊悔,过多的忧虑会造成精神紧张、不安、压迫感、头痛、惊吓、心血管疾病、胃溃疡以及其他问题。因此,忧虑使我们身心饱受重创。

当一个困难出现的时候,有创造力的人会想出办法来解决,他们要是跨不过去,就会钻过去,若是钻不过去,还可以绕过去。有那么多的选择,一点也不用为困难无法解决而担忧。当你专注于眼前的困难时,你同样也把握住了现在,把握住了生命的走向。

为问题而忧虑,会剥夺你的精力和健康,而这些精力和健康本来可以用来解决问题、享受生活。你应该有这样一种健康的心态:其实什么事都无所谓,没麻烦固然好,有麻烦也不错。如果你能把这种信念深深地根植于脑海中,忧虑就会烟消云散。

心灵悄悄话

卡耐基说过:"如果有什么事能变得糟糕,它就会变糟糕。"有创造力的人从不担心和忧虑,他们知道,困难是人生必经之事,不可能消除所有的困难,因为困难总会接踵而来。而且虽然困难总是源源不断,但同样总有办法克服。

乐观的习惯创造命运奇迹

杰瑞是美国一家餐厅的经理,他总是有好心情。当别人问他最近过得如何,他总是有好消息可以与人分享。

当他换工作的时候,许多服务生都跟着他从这家餐厅换到另一家,为什么呢?因为杰瑞是个天生的激励者。如果有某位员工今天运气不好,杰瑞总是适时地告诉那位员工要往好的方面想。

这样的情境真的很让人好奇,所以有一天有人问杰瑞:"很少有人能够老是那样地积极乐观,你是怎么办到的?"

杰瑞回答:"每天早上我起来告诉自己,我今天有两种选择,我可以选择好心情,或者我可以选择坏心情,我总是选择好心情。有不好的事发生,我还可以选择做个受害者,或是从中学习,我总是选择从中学习。每当有人跑来跟我抱怨,我可以选择接受抱怨或者指出生命的光明面,我总是选择生命的光明面。"

"但并不是每件事都那么容易啊!"那人抗议道。

"的确如此!"杰瑞说,"生命就是一连串的选择,每个状况都是一个选择,你选择如何回应,你选择人们如何影响你的心情,你选择处于好心情或是坏心情,你选择如何生活。"

数年后,杰瑞做了一件人们意想不到的事:

有一天他忘记关上餐厅的后门,结果早上三个武装歹徒闯入抢劫,他们要挟杰瑞打开保险箱,由于过度紧张,杰瑞弄错了一个号码,造成抢匪的惊慌,开枪射击杰瑞。

幸运的是,杰瑞很快被邻居发现,紧急送到医院抢救。经过18个小时的外科手术,以及医护人员的精心照顾,杰瑞终于出院了,不过,还有一颗子弹

留在他身上。

事件发生六个月之后，杰瑞的朋友遇到杰瑞，问他最近怎么样，他回答："我很幸运。要看看我的伤痕吗？"

朋友婉拒了。当问及杰瑞面对抢匪、他的心路历程的时候，杰瑞答道："我第一件想到的事情是我应该锁后门的，当他们击中我之后，我躺在地板上，还记得我有两个选择：我可以选择生，或选择死。我选择活下去。"

"你不害怕吗？"朋友问他。

杰瑞继续说："医护人员真了不起，他们一直告诉我没事，放心。但是在他们将我推入紧急手术间的路上，我看到医生跟护士脸上忧虑的神情，我真的被吓着了，他们的脸好像写着'他已经是个死人了'，我知道我需要采取行动。"

"当时你做了什么？"朋友问。

杰瑞说："嗯！当时有个高大的护士用吼叫的音量问我一个问题，她问我是否会对什么东西过敏。我回答'有'。"

"这时医生跟护士都停下来等待我的回答。"

"我深深地吸了一口气喊着：'子弹！'"

"这时医生和护士都在笑，脸上的忧虑神情都渐渐消失了，听他们笑完之后，我告诉他们：'我现在选择活下去，请把我当作一个活生生的人来开刀，而不是一个将死之人。'"

杰瑞能活下去当然要归功于医生的精湛医术，但同时由于他乐观的态度。

我们从他身上能够学到，每天你都能选择享受你的生命，或是憎恨它。真正属于你的权利（没有人能够控制或剥夺）就是你的态度。如果你能时时注意这个事实，你生命中的其他事情都会变得容易许多。

在困境中，人们往往看不清楚方向，正所谓"云深不知处"，这时保持积极向上的心态更为重要。

就像这样的情况：烈日、沙漠，两个人艰难地走着，一个人沮丧地说："完了，我们只有半瓶水了。"另一个人却很高兴，叫道："太好了，我们还有半瓶水啊！"

换个角度看问题会使你得到满足,会使你拥有快乐。世界只有一个,换个角度看,你就会发现美好的、与众不同的第二个世界。

心灵悄悄话

换个角度看世界,世界真的会不同。积极的心态很重要,它促使我们在面对矛盾和困难的时候,平和地对待。事情都是有正反面的,我们只有摆正心态,才能透过现象看本质,才能在险中求胜!

天无绝人之路

琼斯是一个农民,在美国威斯康星州经营一家小农场。他身体很健康,工作也很努力。但是,农场并没有让他发财,不过,日子还过得去。

可是,有一天,突然间发生了变故,使琼斯一下子陷入困境。琼斯患了全身麻痹症,卧床不起,几乎失去了自理能力。他的亲戚们都确信:他会成为一个失去希望、失去幸福的患者。他可能再不会有什么作为了。然而,与之相反琼斯却重新创造了生活,创造了幸福。这种幸福是随他事业的成功和经济的成就而来的。

琼斯用什么方法使他有了这种变化呢?他应用了"积极心态"的办法。是的,他的身体是麻痹了,但是他的大脑并未受到影响。他能思考,他确实在思考,在计划。有一天他实施了自己的计划。

琼斯积极的心态使他满怀希望,怀抱乐观精神和愉快情绪,把创造性的思考变为现实。他要成为有用的人,他要供养他的家庭,而不要成为家庭的负担。

他把他的计划讲给家人听。"我再也不能劳动了,"他说,"如果你们愿意的话,你们每个人都可以代替我的手、足和身体。让我们把农场每一块可耕的地都种上玉米,然后我们养猪,用所收的玉米喂猪。当我们的猪还幼小肉嫩时,我们把它宰掉,做成香肠,然后把香肠包装起来,注册一种商标出售。我们可以在全国各地的零售店出售这种香肠。这种香肠可以像热糕点一样出售。"

这种香肠确实像热糕点一样出售了!几年后,名为"琼斯仔猪香肠"的食品竟成了家庭的必备食品,成了最能引起人们食欲的方便食品。

人生不是一帆风顺的,挫折和失败都会不期而至,幸运和厄运同样令人刻骨铭心。不论我们面临什么,都不要得意忘形或悲观绝望。有些人之所以事业有成,是因为他们在挫折面前没有放弃,而是另辟蹊径,从而走向成功。

琼斯的身体瘫痪了,可他的意志却丝毫没受影响,并且乐观地对待残酷的现实。他利用自己的大脑,然后借用别人的手,依然干出了自己的一番事业。

心灵悄悄话

你是否在生活的困境中仍充满希望?这是成功者和失败者的一个基本的区别。成功者永远不会失去希望,他只会坚持不懈寻求更多的方法把事情做成。人生短暂,苦尽才能甘来,然后是平淡、洒脱的人生。只有经历了挫折的重重考验后,你才不会轻易屈服于失败。直视人生的挫折和压力吧,因为它会让我们更加坚强。

带着快乐行走

在接连遭遇了失恋、失业以及友人的背叛等诸多情感与心理打击后，小张对人生失去了信念。他常常感叹自己付出了那么多，为什么却收获了如此多的伤心与失望？为了逃避熟人的眼光与他们无处不在的怜悯，他独自前往陌生的城市重新寻找一个安身立命之所。然而，求职比求爱更加困难，想想即将沦落为乞丐的境遇，他心里不由暗暗地打了一个寒战。好在最后一刻，他找到了一份给医院打杂的工作，而这份工作也是因为当时"非典"流行，人们对医院这个地方避而远之留下来的空缺。在这样的生活中，小张的心情中哪还有快乐这个词？想想与他同龄的人都已经事业有成或渐入佳境，而他却独自流浪在外，凄凉之感就像冬天的寒风呼啸不止。

一位年轻的护士经常和他一同值班，她看出了他沉闷的心情，就经常开导小张：生活中的不如意不要放在心中，要多想想美好的未来。她经常用她那好听的嗓音给他朗诵普希金的诗：假如生活欺骗了你，不要忧郁也不要愤慨，相信吧，快乐的日子就要到来。看到小张有了笑意，她就像哲人似的对他说：在生活中，你笑对生活，就会得到欢乐的心情；你若惆怅着行走，就只能收获惆怅的心境。有一天，那位年轻的小护士没有来，以后她一直都没有来。小张问医院其他的人，才知道这位小护士已经离开了这个世界。她患有白血病，一直没有找到合适的骨髓配型。直到生命的最后时刻，她都把微笑带给每一位患者。

小张想到自己所经历的痛苦，一下子释然了。和她遭受的一切相比，自己的失败是多么的微不足道啊！

此后，小张学着忘掉苦难和不幸，给心里装满快乐，即使不能完全丢掉悲苦，他也会把它们压缩到最低的程度，让自己的心情与幸福和快乐相接连。日子果然变得明亮起来，未来也在他不断地寻找中渐渐地明朗、清晰起来。

带着快乐行走,你就会被快乐感染;背负不幸攀登,心中承受的就是苦难。那我们为何不让自己生活在幸福与快乐之中呢?

我们既可能坚持错误、执迷不悟,也可能相反,这都取决于我们自己。这个世界是我们自己创造的,因此,它应该属于我们每一个人,而真正拥有这个世界的,是那些热爱生活、拥有快乐的人。也就是说,那些真正拥有快乐的人才会真正拥有这个世界。

每个人的生活都会出现大大小小的挫折,无论是什么样的挫折,我们都应该以快乐的态度对待。这样,幸运女神就会降临在我们身边。

心灵悄悄话

英国作家萨克雷有句格言:"生活是一面镜子。你对它笑,它就对你笑;你对它哭,它就对你哭。"如果我们心情豁达、乐观,我们就能够看到生活中光明的一面,即使在漆黑的夜晚,我们也知道星星仍在闪烁。一个心理健康的人,就会思想高洁、行为正派,就能自觉而坚决地摒弃肮脏的想法,不与邪恶者为伍。

换一个角度感悟人生

　　生活中,我们在哀叹生命不幸、在等待希望的瞬间,时间像一个顽皮的小精灵窃笑着与我们擦肩而去。时间一天一天地过去,童年的无无忧无虑早已如梦般散去,少年的浪漫往事也伴随着日历飘逸在岁月的风中……时光飞逝,往事只能存在记忆的光盘中,而未来的时光又如一条无声的河流,在浩浩荡荡地、义无反顾地向身后延伸。岁月如梭,然而生命依然如苍穹的云朵那般轻盈,又像春天的原野般美丽而恬静……打开人生的第一页日历,就如掀开一张崭新的图画,岁月的年轮在春天的脚步中增长,生命在风的呼吸中升华。

　　细细想来,人生有许多困难和失败,只能算是岁月之歌中的一串不协调的颤音。通过勤奋和拼搏,仍然能奏出生命乐章的动听之音,同样会赢得热烈的喝彩!贫困、疾病,以至于生命中更多劫难的的降临,都是命运逼近你去创造和珍惜重新开始的机会,让你有朝一日苦尽甘来。虽然曾经因为劫难,遭受到打击与嘲讽,但在一个美丽的春天你最终还是会奏响生命的乐章,唱出自己最美妙的歌!青春仅有一次,生命仅此一回,让我们用心、用真情歌唱这美丽而又珍贵的生命之歌吧!

感悟失落

　　人生有谁不向往富有,有谁不憧憬未来,有谁肯让理想之舟中途搁浅,又有谁情愿让爱情之花在荒丘凋谢……是的,在人生的旅途中,时而会有一些枯叶凋零,乘风远航的生活也会有桅杆折断的一瞬。生活的脚步不管是沉重,还是轻盈,我们从中不仅能品尝失败的痛苦与迷惘,同时,也享受着收

获与快乐。只要我们总结跌倒的原因，把孕育的勇气鼓起，告别迷惘的昨天，拥抱美好的今天，微笑面对明天，从辉煌成功中走出，在失败中奋起，漫漫远方路，才是我们不懈的追求。

感悟自信

如果你是一棵小草，虽然没花儿的艳丽、树的高大，但是你却编织了绚丽多彩的大地。你以顽强的毅力，冲破顽石的重压，进而勃发生机。如果你是一条无名的小溪，虽然没有海的浩瀚、大江的奔腾，但是你却汇成了浩浩荡荡的江河。虽然你走过的是崎岖坎坷的山道，却在勇往直前的征途中，你冲向一个又一个绊脚石，滋润万物，显示着生命的意义。人的一生没有一帆风顺的坦途。当你面对失败而优柔寡断，当动摇自信而怨天尤人，当你错失机遇而自暴自弃的时候……你是否会思考：我的自信心呢？其实，自信心就在我们的心中！只要你拥有自信，只要你在不如意时想到自信，自信心就是一种立竿见影的特效药，定会医治内心的伤痛。无论你面前是铺满鲜花的幽径，还是荆棘丛生的山谷，你都应勇敢地走下去。要知道痛苦的进取同样会带来自信，只有信心百倍地去追求、去奋斗、去拼搏，才会抓住幸运的机遇，不会留下终生遗憾。朋友，相信自己吧！没有你，世界也许不会改变什么，而有你，世界将会更加多姿多彩。就让昨天成为沉思的石碑，满怀信心地行进在漫长的人生之旅上吧！

感悟乐观

乐观是失意后的坦然；乐观是平淡中的自信；乐观是挫折后的不屈；乐观是困苦艰难中的从容。谁拥有乐观，谁就拥有了透视人生的眼睛。谁拥有乐观，谁就拥有了力量。谁拥有乐观，谁就拥有了希望的渡船。谁拥有乐观，谁就拥有艰难中敢于拼搏的精神，只要活着就有力量建造自己辉煌的明天。

感悟平凡

　　我们走过漫漫的一生,有时候会突然发现自己的生活如此平淡,所有的日出日落、寒来暑往没有什么区别,一切的欢笑、泪水竟然相同,没辉煌之处,浑然不知地穿梭在每一个平凡的日子中。面对人生涌起的不过是淡而又淡的感觉,我们顿觉自己很平凡,平凡得像一束远方的微光、一叶小草、一滴晨露。为此我们惆怅,我们感叹。其实,我们不必为平凡悲叹,因为平凡,也是一种美丽! 平凡是荒原,孕育着崛起,只要你肯开拓;平凡是泥土,孕育着收获,只要你肯耕耘;平凡是细流,孕育着深邃,只要你肯积累。平凡是一场惊险搏击之后的小憩,是一次辉煌追求之后的沉思。平凡是告别了无知的炫耀的狂妄之后的深沉。平凡不是人生之光的暗淡,不是生命之火的熄灭,不是超然物外的冷漠。白云为每一个平凡变幻多姿,太阳为每一个平凡照出一个明亮的天地。正是无数个平凡的日子组成了我们多彩的一生,正是无数个日子组成了这个灿烂的世界。在追求人生舞台上那惊心动魄的一幕的同时,学会在平平淡淡的日子里享受那一份宁静的美丽,享受人生的另一番情趣。

学会乐观处事

　　大发明家爱迪生的工厂曾经失火,近百万美元的设备化为乌有。67 岁的爱迪生闻讯赶到火灾现场,员工们认为面对废墟一片,他一定会暴怒至极。但爱迪生的表现非常镇静,甚至还笑着说:"这场大火烧得好哇,我们所有的错误都烧光了,现在可以重新开始了。"他的话说明了一个道理:一件事情的好坏,取决于当事人对它的态度。意志坚强的乐观者面对诸多问题,总是抱着仍有可为的态度,遭遇变故会变得更加坚强。正如爱迪生的一句名言:"我的成功乃是从一路失败中取得的。"

生活就是一面镜子。你对它哭它亦哭,你对它笑它亦笑。快乐是一天,不快乐也是一天,为什么不乐观快乐地度过每一天呢?

　　乐观是"一种性格倾向,使人能看到事情比较有利的一面,期待更有利的结果"。也许有些孩子天生就比较乐观,有些孩子则相反。但心理学家发现乐观思想是可以培养的,即使有些孩子天生不具备乐观品质,也可以通过后天的努力来实现。

　　要培养孩子乐观的品质,父母首先必须有乐观的思维方式。父母在处理自身问题和家庭问题时的乐观态度,对孩子具有重要的示范作用;孩子通过观察和模仿逐渐养成乐观品质。如果这会儿下雨了,就要引导孩子说:"下雨了。"而不要说:"该死的天,又下雨了。"因为这样说并不能改变下雨的事实。当然,就算说:"太好了,又下雨了",也不能使雨发生任何改变,可是如果把这种话说给孩子听,情况就大不一样!"瞧,太好了,又下雨了! 小鸟在歌唱,小草也在歌唱,它们都得到了雨的滋润。"这样就会把快乐传递给孩子,让他无论面对何种环境,都保持一种愉悦的心情。

　　父母批评孩子的方式正确与否,显著地影响着孩子日后性格是乐观还是悲观。父母对孩子的批评应该恰如其分,不要把几次错误夸大成永久性的过失,应让孩子体会到孩子自己所犯的错误是可以改变的,并知道从何处着手改变。

　　孩子对自己的评价很大程度上是建立在父母对他们的评价之上的,因此父母对孩子的言行应以欣赏鼓励为主,并善于发现孩子身上的优势和亮点。

心灵悄悄话

　　如果下雨的时候,我们正在街上,把雨伞打开就够了,犯不着去说:"该死的天,又下雨了!"这样说对于现实不起作用。我们不如说:"多好的一场雨啊!"虽然不能改变天气,但可以把快乐传递给别人。

第六篇

拥有平常心

平常心并非深不可测，它只是普通人的平凡心态而已。但是，为何如此简单的事情许多人却很难做到呢？那是因为人们在生存竞争的巨大压力下、在名与利的多重诱惑下，滋长了自私、贪欲、痴迷、浮躁、报复、好胜、狂妄等种种不良心态，从而打破了一颗平常心，导致痛苦、烦恼和厄运纷至沓来。

只有从容、镇定地迎接物欲进攻，坚强自己，锤炼自己，才能做一个有益于社会、有益于人民的人。而这样的人，对于净化我们的社会风气，对于纯洁我们的事业是大有益处的。

保持一颗平常心

平淡,即平静而淡泊。生活在物质世界中,形形色色的物质利益竞相角逐,精彩纷呈。面对这粉墨登场的物质利益的频频秋波,能做到坐怀不乱,平静而淡泊确非易事。然而,只有清醒、理智地直面物欲的挑战,藐视引诱,把握住自己,控制住自己,才能做一个纯粹的人、一个道德高尚的人;只有从容、镇定地迎接物欲进攻,坚强自己,锤炼自己,才能做一个有益于社会、有益于人民的人。而这样的人,对于净化我们的社会风气,对于纯洁我们的事业是多有益善的。

平淡并非不思进取,平淡并非清心寡欲。平淡是人的一种境界,一种人经过锤炼与洗礼之后的高境界。这种境界是建筑在人的精神意志经过千锤百炼之后,使高风亮节常驻在基础之上的;这种境界也是建筑在人的心灵世界经过一次次荡涤洗礼使道德情操永驻在基础之上的。它与无所事事、浑浑噩噩者泾渭分明、毫不相干。无所事事者,不思进取,空叹前途,精神空虚;浑浑噩噩者,度日如年,满腹牢骚,懒惰成性。平静淡泊者,面对同伴的升迁,心胸坦荡,拱手诚贺;平静淡泊者,面对邻里的劳动致富,喜颜悦色,同喜同乐。其追求是激浊扬清,树我中华大地文明、高雅之浩荡春风;其欲望是社会进步,全民奋力驱逐污浊之声、污浊之气;其心愿是通过诚实劳动过上富裕生活,相信播种了才会有收获。

追求平淡虽非易事,然而只要坚定信念、痛下决心、千锤百炼,则必能成功。追求平淡,道德修养必不可少,包括树立正确的人生观、价值观与处世观。追求平淡,克服浮躁心理、攀比心理,以一颗平常心对待物质世界的点点滴滴,则必能襟怀坦白,心志高远。在棋坛有"石佛"之称的韩国围棋第一高手李昌镐,就是这方面的典范。他总是以一颗平常心来对待每次对弈,置胜负于度外,平心静气地走好每一步棋,最终的胜者则常常是他。由此可见,平常心对提升人的意志品质与修养是何等重要!

人的一生要面对的事情实在太多！人们常感叹最近又有多少不如意、不顺心。面对工作的困扰、家庭的琐碎之事、人情事故、朋友间的矛盾，如何处理？如何解决？我想，对任何事保持一颗平常心，不带任何私心和奢求，往往就会迎刃而解，矛盾和心结自然就会打开。

心灵悄悄话

保持一颗平常心，必须坚定地树立正确的世界观、人生观、价值观。在各种诱惑面前保持清醒的头脑，经受住考验。每个人前面都有一条通向远方的路，崎岖但充满希望。不是人人都能走到远方的，总有人因为没倒掉鞋里的沙子而疲惫不堪，以至于半途而废。所以，主宰人感觉的并非欢乐和痛苦本身，而是心情。

学会接纳自己

多年前的一个傍晚，一位叫亨利的青年移民，站在河边发呆。

这天是他30岁的生日，可他不知道自己是否还有活下去的必要。因为亨利从小在福利院里长大，身材矮小，长相也不漂亮，讲话又带着浓重的法国乡下口音，所以他一直很瞧不起自己，认为自己是一个既丑又笨的乡巴佬，连最普通的工作都不敢去应聘，没有工作，也没有家。

就在亨利徘徊于生死之间的时候，与他一起在福利院长大的好朋友约翰兴冲冲地跑过来对他说："亨利，告诉你一个好消息！"

"好消息从来就不属于我。"亨利一脸悲戚。

"不，我刚刚从收音机里听到一则消息，拿破仑曾经丢失了一个孙子。播音员描述的相貌特征，与你丝毫不差！"

"真的吗？我竟然是拿破仑的孙子！"亨利一下子精神大振。联想到爷爷曾经以矮小的身材指挥着千军万马，用带着泥土芳香的法语发出威严的命令，他顿感自己矮小的身材同样充满力量，讲话时的法国口音也带着几分高贵和威严。

第二天一大早，亨利便满怀自信地来到一家大公司应聘。

20年后，已成为这家大公司总裁的亨利，查证自己并非拿破仑的孙子，但这早已不重要了。

接纳自己，欣赏自己，将所有的自卑全都抛到九霄云外，这就是成功最重要的前提。一个不愿面对自我、盲目从众的人就像一艘失去了舵的船，随波逐流，不知离自己最近的岛是哪一个，不知自己会漂向何方。只有学会了解自我的人，才懂得驾驭自己，懂得正确设计自己的人生航程。也只有这样的人，才不会将自己有限的精力和时间过多地耗在无谓的幻影中。

有许多人因为生理上的缺陷，使奋发向上的热情和欲望被"自我设限"

压制封杀。若没有得到及时的疏导与激励,将会丧失信心和勇气。

这是一个关于电车车长的女儿凯丝·达莉的故事。

她从小喜欢唱歌,并且梦想当一名歌唱演员,但她的牙齿长得很不好看。一次,她在新泽西州的一家夜总会里演出,在整个过程中,她总是试图把上唇拉下来盖住丑陋的牙齿,结果洋相百出。演完之后,她就伤心地哭了。

正当她哭得最伤心的时候,台下的一位老人对她说:"孩子,你很有天分,坦率地讲,我一直在注意你的表演,我知道你想掩饰的是你的牙齿。难道长了这样的牙齿一定就丑陋不堪吗?听着,孩子,观众欣赏的是你的歌声,而不是你的牙齿。"

凯丝·达莉接受了老人的忠告,不再去注意牙齿。从那时开始,她只想着她的观众,她张大嘴巴,热情而高兴地唱着,最后她成了电影界和广播界的一流明星。

凯丝·达莉没有因为丑而完全否定自己,她在看到自己丑的同时也看到了自己动听的歌喉的价值。她要让歌喉更加动听,从而弥补其他的缺陷。她充分了解自己,并能十分明智地扬长避短。于是,她成功了。

世界上没有两片完全相同的树叶,每个人都是独一无二的。为了活出真我,我们要学会用平常心接纳自己,懂得扬长避短。

心灵悄悄话

我们在接受自我、把握自我的同时,也要勇敢地接受自我的缺陷。我们可以让自己的优点更显著,或让自己的缺点同时也慢慢地收敛和缩小,从而达到扬长避短的目的。

化敌为友

生活中,我们难免遇到敌人。此时此刻,我们可以和他们针锋相对,和对手斗争到底;可以忽略对手,不与对手一般计较;当然也可以化敌为友。

但是,大家不妨想一下,若是争斗起来,则是天昏地暗。若是忽略对方,则需要豁达和操守,淡然看待对手的挑衅。化敌为友则需要更宽广的胸怀、更长远的考虑。

苏联著名作家叶夫图申科在《提前撰写的自传》一书中,讲过这样一则十分感人的故事:

1944 年的冬天,饱受战争创伤的莫斯科异常寒冷,两万德国战俘排成纵队,从莫斯科大街上依次穿过。

尽管天空中飘着大团大团的雪花,但所有的马路两边,依然挤满了围观的人群。大批苏军士兵和治安警察,在战俘和围观者之间,画出了一道警戒线,用以防止德军战俘遭到围观群众愤怒的袭击。

这些围观者大部分是来自莫斯科及其周围乡村的妇女。她们之中每一个人的亲人,或是父亲,或是丈夫,或是兄弟,或是儿子,曾在德军所发动的侵略战争中丧生。她们都是战争最直接的受害者,都对悍然入侵的德寇怀着满腔的仇恨。

当大批的德军俘虏出现在妇女们的眼前时,她们全都将双手攥成了愤怒的拳头。要不是有苏军士兵和警察在前面竭力阻拦,她们一定会不顾一切地冲上前去,把这些杀害自己亲人的刽子手撕成碎片。

俘虏们都低垂着头,胆战心惊地从围观群众的面前缓缓走过。突然,一位上了年纪、穿着破旧的妇女走出了围观的人群。她平静地来到一位警察面前,请求警察允许她走进警戒线去好好看看这些俘虏。警察看她满脸慈祥,没有什么恶意,便答应了她的请求。于是,她来到了俘虏身边,颤巍巍地

从怀里掏出了一个印花布包。打开，里面是一块黝黑的面包。她不好意思地将这块黝黑的面包，硬塞到了一个疲惫不堪、拄着双拐艰难挪动的年轻俘虏的衣袋里。年轻俘虏怔怔地看着面前这位妇女，刹那间已泪流满面。他毅然扔掉了双拐，"扑通"一声跪倒在地上，给面前这位善良的妇女重重地磕了几个响头。其他战俘受到感染，也接二连三地跪了下来，拼命地向围观的妇女磕头。于是，整个人群中愤怒的气氛一下子改变了。妇女们都被眼前的一幕深深感动，纷纷从四面八方涌向俘虏，把面包、香烟等东西塞给了这些曾经是敌人的战俘。

故事以这样一句发人深省的话结尾："这位善良的妇女，刹那间便用宽容化解了众人心中的仇恨，并把爱与和平播种进了所有人的心田。"

与人交往，退一步海阔天空。很多时候，在我们最需要帮助时，身边出现的人可能是我们的敌人。

因此，在多一个朋友的同时，要减少一个敌人。只要我们主动伸出和解之手，化解彼此心中的疙瘩，我们可能就会减少一个敌人，而增加一个肝胆相照的好朋友。

心灵悄悄话

与人争斗、忘记对手是容易的，但要笑脸面对敌人，把敌人引为知己，却要遭遇人性上的艰苦考验。如果我们能以一颗平常心豁达地对待对手，就会发现其实化敌为友会带给我们太多意想不到的收获。

失去，安知非福

犹太人有段寓言很有意思：如果断了一条腿，你就该感谢上帝没有折断你的两条腿；如果断了两条腿，你就该感谢上帝没有扭断你的脖子；如果断了脖子，那也就没有什么好担忧了。

国王喜爱打猎。有一次在追捕猎物时，不幸弄断了一截食指。国王剧痛之余，立刻招来智慧大臣，征询他们对意外断指的看法。智慧大臣仍轻松自在地对国王说，这是一件好事，请国王往积极方面去想。

国王闻言大怒，以为智慧大臣幸灾乐祸，即命侍卫将他关进监狱。

待断指伤口愈合之后，国王又兴冲冲地忙着四处打猎，却不料祸不单行，被丛林中的"野人"埋伏活捉。

依照"野人"的惯例，必须将活捉的这队人马的首领献祭给他们的神。正当祭奠仪式刚刚开始，巫师发现国王断了一截食指，而按他们部族的律例，献祭不完整的祭品给天神，会遭天谴的。"野人"连忙将国王解下祭坛，驱逐他离开，另外抓了一位大臣献祭。

国王狼狈地回到宫中，庆幸大难不死。忽而想起智慧大臣所说，断指确是一件好事。便立刻将他从牢中释放，并当面向他道歉。

智慧大臣还是保持他的积极态度，笑着原谅国王，并说这一切都是好事。

国王不服气地质问："说我断指是好事，如今我能接受；但若说因我误会你，而将你关在牢中受苦也是好事，我就不懂了。"

智慧大臣微笑着回答："臣在牢中，当然是好事，陛下不妨想想，如果臣不在牢中，那么，今天陪陛下打猎的大臣会是谁呢？"

我们都知道塞翁失马的故事，说的也是这个道理。生活中，我们总是会

拥有很多东西，但同时也会失去一些东西。一个人不可能不失去什么就能完全拥有，那不是真正的生活，也没有了生活的意义。有时失去意味着另一种获得，有时失去让我们发现还有其他美好的事物依然存在，因而，这样的获得和存在会更让人珍惜。

生活有时也会因为一些失去反而变得更完美。失去了，我们还可以争取找回来，如果找不回来，还可以去发现新的更好的。当我们失去爱人，别忘了还有夏天的热烈，可以让我们再次寻找；当我们失去爱心，别忘了还有春天的温馨，而春还能让我们找回那颗爱之心；当我们失去了希望，别忘了去秋天的收获中寻觅；当我们失去意志，别忘了还有冬天的坚韧让我们经受锤炼……

心灵悄悄话

让我们用一颗平常心去对待生活中的拥有与失去。凡事看得淡泊一点，知足常乐，会让自己的生活轻松愉快。如果过于贪心，总想得到很多又无法面对失去，那终究会成为一种生活的负荷与累赘，让你疲惫不堪而逐渐失去人生的乐趣。既然这样，那么让我们还是选择平淡与淡泊吧，好好珍惜自己拥有的，正确面对已经失去的，给自己一份快乐的好心情。

囚徒困境

当警察抓住两个同谋犯,手上又没有确实的证据的时候,他们做的第一件事情往往是将他们隔离开。当然,这两个囚犯都明白自己面临两个选择:一是与警察合作,背叛他的同伙,供出其罪行;二是与同伙站在同一战线上与警察做斗争,保持沉默,这样自己就有可能无罪开释。

接着,为了使囚犯们和警方合作,警方一般都会告诉他们:如果同警方合作,那么警方会承诺替他向法官求情,或者其他一些诱人的好处;如果不同警方合作,而同伙却同警方合作的话,那么他将承担事情的全部责任,而同伙会被宽大处理——释放,同时还可以得到一笔奖金。

大多数情况,囚犯们彼此背叛,都选择了与警察合作,结果双双入狱坐牢。那么,囚犯们是出于怎样的考虑才会做出这样的选择呢?

囚犯们根本无法相信同伙能够抵御住好处的诱惑而不出卖自己。因此,基于对好处的向往,和对一个人承担所有责任的风险的规避,大多数人都会选择同警方合作。

在心理学上,类似于这两个囚犯一样的博弈心理,被称作"囚徒困境"。它是由美国普林斯顿大学的数学家增克于 1950 年提出来的。

很多情况下,人们受到"囚徒困境"的影响,常常容易使彼此之间的联盟土崩瓦解,进而无法达到预期的双赢局面。分析一下客观原因,无外乎两方面:一方面是背叛同伙所得到的报酬带来的诱惑高,而与同伙合作所得到的惩罚重;另一方面是源于在信息不透明的情况下进行的一次性决策所带来的心理压力使然。

生活中,我们也面临着很多博弈的状况。比如,在夜市地摊、车站和旅游景点等人群流动性大的地方,商家的服务和产品都不是很好,假冒伪劣横行,因为商家和顾客之间都是一锤子买卖,没有后续的合作,因此商家才抱有这种不赚白不赚、"宰"了一个是一个的心理。

可是在生活中的大部分情境中,人与人之间都不是一锤子买卖,常常会存在一些后续的接触和博弈。也就是说,"不合作"并非我们的最佳选择。那么,我们应该如何决策才是最好的呢?

显然,囚徒困境中,根据同伙可能做出的决策而做出相应的选择的"反射决策"是非常明智的决策方式,只不过这仍然无法克服信息不透明所带来的猜忌对合作的破坏。因此,在信息相对全面准确的情况下进行"反射决策"才是优先选择。

事实上,这样的"反射决策"是日常生活中多数人的理性选择,也是一个很具适应性的规则。它的有效是由于任何想要背叛彼此合作的行为都会受到惩罚,而合作的结果则是双赢。然而,值得我们注意的是,要使这一决策方式发生作用,必须满足一定条件:一是对背叛有严格定义,是容易识别的;二是只要对方背叛,就会受到最严厉的制裁,并且对方无法摆脱。

心灵悄悄话

在博弈变得越来越广泛的今天,企业与企业之间的合作都会有书面的合同作为依据,就是出于"反射决策"的考虑。总之,"反射决策"能够赢得竞赛不是靠打击对方,而是靠引导对方和自己达成合作争取双赢。

从改变心态开始

春秋时代，鲁国有个宰相，叫季文子。

季文子身居高位，却以俭为荣，从不铺张浪费。他家的住房非常简陋，也不多用仆人。他叮嘱家人说："不要搞浮华，讲排场。饮食粗茶淡饭就可以了，衣服不脏不破就很好。"

有一天，他有公务出门，让他的侄儿备车。等了一会儿不见动静，就径直向马厩走去。刚到马厩门口，他就看到侄儿慌慌张张地将青草盖在马槽上，显出不安的样子。

季文子纳闷，问道："你在干什么？"

侄儿支支吾吾说不出话来。季文子上前一看，原来马槽里有粮食。

季文子十分生气，说："我已经说过，不许用粮食喂马，有充足的草就可以了。许多穷人衣食都成问题，你竟如此浪费。"

侄儿点点头，说："你说的道理我懂，我只是怕别人嘲笑我们。"

季文子回答道："被嘲笑又如何，俭朴生活才是美德。"

幕僚仲孙站在一旁，不以为然地说：

"大人做宰相这么多年了，出出入入连一件像样的绸缎衣服都没有。喂的马，不给粮食，只给草吃。你每天乘坐瘦马破车，难道不怕别人笑话，说你太小气了吗？"

季文子听罢仲孙的话，严肃地说："你之所以这么认为，是因为你没有懂得节俭的意义。一个有修养的人，他可以克制贪念，因为他知道节俭可以使人向上。相反，一个人铺张浪费，必然贪得无厌。一个国家的大臣如能厉行节俭，艰苦奋斗，上行下效，百姓齐心，这个国家必然会越来越强大。"

季文子句句在理的一番话，说得仲孙哑口无言。他红着脸不好意思地低下头去。后来，季文子听说，仲孙真的想通了，一改过去铺张浮华的生活态度，重新做人。

季文子作为宰相，自然当属富人之列。难能可贵的是他能以一颗平常心来看待自己的财富，依旧保持着勤俭的美德，并能够以德服人，使他身边的人最终都像他一样节俭。

另外，还有一对下岗的年轻夫妇在早市上摆了个小摊，靠微薄的收入维持全家五口人的生活。这夫妻俩过去爱跳舞，现在没钱进舞厅，就在自家屋子里打开收录机转悠起来。男的喜欢喂鸟，女的喜欢养花。下岗后，鸟笼里依旧传出悦耳动听的鸟鸣声；阳台上的花儿依旧鲜艳夺目。他俩下了岗，收入减少了许多，却仍然生活得很快乐，邻居们都用惊异的目光看着他俩。

这对年轻的下岗夫妇，虽然生活清苦，但可以坦然面对贫穷的生活，并能在艰苦的环境中寻找生活的乐趣，这是难能可贵的！

不管富贵与贫穷，在物质世界和精神世界中，只要开开心心，生活的趣味就会更浓厚，恐惧和压抑感就自然会从内心深处消失。坦坦荡荡地做人，平平淡淡地生活，美好的日子就会处处飘满幸福的花香。

心灵悄悄话

是的，我们虽然无法改变自己的境况，但我们可以改变自己的心态。无论遇到什么样的状况都能够坦然面对，并保持快乐的心情。没了工作不要紧，还可以再找，但不能没有快乐，如果连快乐都失去了，那活着还有什么意义。快乐是人的天性的追求，开心是生命中最顽强、最执着的律动。

如何让自己保持一颗平常心

有一种动物叫狒狒,很厉害。它们的王,所有的东西都得它先吃,每一个雌狒狒都是它的妻子。有人做了这样一个试验:开始,用铁笼子把狒狒王罩起来,同时把一只小狒狒也用笼子罩起来。外面还有一些狒狒是自由的,吃着东西。小狒狒和狒狒王都吃不着东西,可它们的心态很不一样。小狒狒本来就不是先吃的,吃不着也不要紧,狒狒王可不行。它暴跳如雷,咬牙切齿,挣挣挣,怎么也挣不出来。最后它很失落,心跳加快。以后每天它都被笼子罩起来,看着人家吃东西,每天都情绪激动,压力加大,最后一年得癌症死了。小狒狒就一点事也没有,因为它历来都是最后一个吃东西的。

现在是一个竞争非常激烈的年代。一个人从呱呱坠地的那天起,就要不断地学习适应环境的无数本领:上小学,要面临考中学,光考上还不行,还得考上重点中学;上了中学还没完事,还得继续努力考大学,当然了,最好是重点大学。我们都是从学生时代过来的人,学生时代的压力都不用细说。好不容易上了大学了,可面对现在就业形势的严峻,找份工作太困难了。算了,咬咬牙,再考个硕士吧,这就又得再众多的"高人"中保持平衡,挤过那座又窄又漫长的独木桥。这时,如果再想就业可能压力就会小一些。可是真正工作了又会发现能人这么多,要想立于不败之地就得付出更多的艰辛。慢慢地,工作又走上了正轨,才又发现周围的人有房有车,自己却什么也没有,心理又不平衡了。怎么办? 当然是要更加努力了。于是,路就这么漫长。

每个人几乎都是在自己成长的同时,无可避免地、不断地与周围的人进行横向纵向、的比较,一旦自己在比较中处于劣势,心理就会产生不平衡感,压力也就陡然而生。于是就要自己的努力来达成一个又一个愿望。当然,这种追求上进的精神我们提倡,但是我认为凡事都要有个度。人活在世上,

愿望是永无止境的。我们不可能实现所有的愿望。这时我们就得学会放弃，进而摆脱失望后的心理不平衡，避免压力让我们受到伤害。因为心理平衡了，生理才会平衡；生理平衡了，人体的各个系统才会处于最佳的协调状态；系统处于最佳状态了，健康与活力自然焕发。俗话说的心态好就是指心理平衡。值得一提的是，心理平衡并非心如枯井，更不是麻木不仁。心理平衡是一种理性的平衡，使人格升华和心灵净化后的崇高境界，是宽宏、远见和睿智的结晶。

除了寻求身体健康之外，我们还得让自己的心理也得时时保持健康，这就需要我们时时保持一颗宽容的心去对待一切，无论风雨多么的无常，无论人世有多少苦难，记住一句话：太阳每天是新的。带着这样的认识与理解去生活，相信每一天的日子都是非常灿烂可人的。

我深深地相信，经受过这种心灵洗礼的人，老天爷也会更加宠爱他的，让他更加年轻、更加美丽、更加阳光。让我们都学会自我减压，在尘世的风雨中保持住一副良好的心态。

心灵悄悄话

人生在世，谁都会遇到无数的困难、压力，如果保持一颗平常心，如何使自己达到心理平衡，使自己的心态更加平稳，这是需要磨炼的。有些事，属于你的你放心，一定是你的，但有时要慢半拍。不属于你的，你也别要，要也要不来，就算要来了，保也保不住。

第七篇

珍惜生命

人生路上,真正属于自己的东西并不很多,可是,一再地错过会使你觉得命运总是在捉弄自己。殊不知,命运往往掌握在自己手中,美好的往往是最容易失去的。其实,你不必叹息。

假如你挚爱的东西时常伴随在你身边,你迟早会讨厌它的,它会在岁月中悄悄褪色,失去让你倍加珍惜的理由,或者因你的过分使用而贬值。

珍惜青春,它让我们的生命之歌传到遥远的地方。我们之所以幸福,是因为我们已懂事。我们有许多真挚的朋友,我们拥有灿烂的青春。

珍惜所有

　　总是感叹时间过得太快，纯真的童年时光还历历在目，转眼间却已成为一个十四五岁的小伙子。有时看着白发苍苍的爷爷奶奶，会感怀自己那一天也会垂垂老矣。但人生该感伤感，应该微笑。正因为人生短暂，我们才更应珍惜每一个美好的瞬间和每一次真诚的感动。

　　珍惜亲情，它让我们的生命之湖漾起美丽的涟漪。早已熟悉了母亲关怀的问候和父亲沉默的眼神。但只因熟悉，却忘记了在母亲为自己盛饭时说一声谢谢，忘记在父亲抚摸自己的头时表示的感动，甚至愚蠢地认为这是他们应该做的。

　　珍惜青春，它让我们的生命之歌传到遥远的地方。我们之所以幸福，是因为我们已懂事。我们有许多真挚的朋友。我们拥有灿烂的青春。虽然现在的学习生活看起来有些单调，但我却不愿拘泥与此。我喜欢在父母出门时偷偷看场球赛，并为之兴奋或遗憾；我喜欢和朋友们酣畅地聊天，聊过去、现在，瞻望遥远的未来；我喜欢在星光的照耀下独自回家，仿佛我就是黑夜的游侠；喜欢在星期天呼呼大睡，尽情享受那份慵懒。喜欢这种富有活力和激情的感觉，我想好好珍惜这青春岁月，这人生中最美好的时光。

　　珍惜一切美好的事物，它让我们的生命之屋绚丽多彩。常常站在阳台上，看着夕阳中美丽的云霞，那份静谧让我忘记了所有的烦恼和忧伤。喜欢看纷纷扬扬的大雪从遥远的天国飘落人间，那些纯洁的天使让人不敢低俗，情不自禁的高尚。也会在晴朗的夏日坐在河边，静听河水趟过鹅卵石的欢畅，那种轻快让我想到小时候的快乐时光，禁不住直想笑。如果我们珍惜生活中的点点滴滴，这个世界真的很美丽。

　　珍惜亲情，珍惜青春，珍惜一切美好的事物，生命的步伐在欢快地舞蹈，舞过鲜艳的百花，舞过荡漾的荷塘，舞过飘落的枫叶，舞过纯洁的飞雪，舞向美丽的四季。

只有珍惜自己所拥有的一切,善于发现生活中值得感恩的地方,我们才能生活得更快乐。

走出困惑,爱惜生命

在案头有一本《精美散文》集,里面收藏有台湾著名作家三毛的几篇文章。三毛是令人钦佩的作家,大多数人欣赏她的作品意境深远,更崇尚她的人格风尚。

在《如果我是你》这篇文章里,三毛告诉"不快乐的女孩"不要"任凭生命再做赔本的流逝和伤感"。在《简单》这篇文章里,三毛告诫人们"不要深刻,只要简单",一切顺其自然。

除此之外,三毛的另两篇文章也在我脑海里留下深刻的印象:"我们应做聪明的人,做智者、勇者,就算天大的事情发生,也不自弃,心平气和地为生活争取最合适的解决之道。"

"岁月看似无情,但是,只要我们坚持而努力,多年之后,时间必然会给我们一个明确的答案和一份自然而然的成绩。"

透过这些片言,我仿佛看到了一个热爱生活、珍惜生命的鲜活的三毛。但是,令人无法相信的是,随后不久,三毛却自杀了!我在为其挽惜的同时,也深深地为她的死感到困惑。

由三毛的死,我也联想到自身时常面临的尴尬:为什么顺境时明白,逆境时犯浑?

经过而立、不惑、知天命和耳顺之年,应该说我对人生还是有些认识的,但一遇到困难或不顺心之事,往往就会失控,甚至"言行不一"。长子说我做了一辈子思想工作,到老了遇事还不大冷静。为了驾驭好自己晚年的人生,我不断地在博客里撰写体会文章,例如:"找准人生定位""不妨先改变自己""我很幸福"等,旨在对自己进行心理暗示或自我调适,然而,结果大都事与愿违,收效甚微。

对于三毛的死因,我不敢妄加评论。结合到我自身,倒很有必要进行一翻剖析与反思。

人们生活在一个充满变数、思想活跃的社会里,因没能达到预期的目标,瞬间产生焦虑甚至失控的现象应该说是正常的。事后,人们大多把原因归咎为环境所至,进而陷入周而复始的郁闷之中不能自拔。实际上,真正在控制人们思想和行为的是心态,心态决定着人们的价值取向。撇开人们的

困惑——举杯消愁愁更愁

心态,再好的人生哲理也无济于事。况且,也从来就没有一成不变的环境。

坎坷、挫败和曲折对人生是一种常态,包括顺境在内,是上天对人生的最好安排。在顺境中感恩,在逆境中依旧心存感激,再加之掌握一些人生的道理,困惑必将烟消云散,幸福美好的人生也必将大踏步向我们走来。

心灵悄悄话

珍惜一切美好的事物,它让我们的生命之屋绚丽多彩。如果我们珍惜生活中的点点滴滴,这个世界真的很美丽。

第七篇　珍惜生命

珍爱自己

生命属于你只有一次，你想怎样度过？这个世界上有多少人会想到这个问题，又有几人真正值得我们去依靠！

有的人在拥有时并不珍惜。他们认为一切所得都是理所当然的：认为光明是生来就有的，认为生命是上天必然的恩赐，认为时间是无穷无尽的，认为生命与情义是一生中自然的拥有，认为身边的一切都是造化的创造……认为一切的一切都那样顺理成章，唾手可得。这或许是因为拥有太多而麻木了的缘故，那么失去后的感觉会使你明白拥有的珍贵。当你在黑暗中勾勒黎明的天空时，才明白已从眼前一逝即过的东方朝霞有多美；当你人过中年时，才明白年轻时自己荒废了多少光阴；当你默数浑浑噩噩的往日时，才明白许多本该做好的事都没有实现；当你踽踽独行在人生路上时，才明白曾经同行的幸福；世间根本没什么"理所当然"，时光不会返回，青春不会再回来，多少一瞬即逝的东西在你不知之中与你永别，最终的一无所有会用真理告诉你：有许多东西一生只能有一次，即使再来也会有隐痛夹杂。请珍惜拥有的。

一生之中难免会有许多遗憾，多几分坦然，即使有朝一日失去，你也会无悔无憾地说："我珍惜了我曾拥有过的一切。"与其慨叹"曾经拥有"，不如珍惜今之所拥于手中的一切！

珍惜拥有的，不因为它宝贵，容易失去，而且因为它来之不易。忘记付出就意味着背叛了奋斗的誓言。

世上最好的东西不一定是最昂贵的，但却一定是我们拥有的和最在意的。那么就珍惜现在我们所拥有的一切吧！

六年前，康以优异的成绩考上了一所重点大学。他准备大学毕业后去外国留学，还希望能谈一场轰轰烈烈的恋爱……

去年准备考研究生期间，康明显感到自己体力下降，以前跑步时能一气跑出 5000 米；现在才跑了几百米，就气喘吁吁地上气不接下气了……

一次，康在教室突然晕倒。送到医院后，康被确诊为"慢性粒细胞性白血病"，除非奇迹出现，否则生命所剩时间不会超过五年。

唯一的希望就是进行骨髓移植。但医生说，兄弟姐妹的匹配率是四分之一，父母的匹配率是千分之一，至于外人，可能性更小。

骨髓鉴定之后，父母的可能性首先被排除；希望较大的弟弟连夜从上海赶到北京，但同样的结果再一次把康推入绝望的深渊。

康第一次感到死亡离自己是那样近，甚至第一次听到了死亡急匆匆的脚步声。他感到前所未有的阴郁、难受、绝望。如果没有白血病，25 岁的康是幸运的。父亲是国家机关的干部，母亲是位教师，加上一个弟弟，全家人的生活过得平静而又温馨。可是，现在康孤单地躺在病房里，一边想着自己的理想和还未到来的爱情，一边安静地等待着死亡的临近。

以前，康和所有人一样，总认为过日子就是理所当然地朝前走，生命就像一列看不到终点的列车，引吭高歌，向前奔跑。未来有大把大把的光阴，可以慷慨地让自己享受生活。但是，此时的他真的不知道该何去何从。

死亡，开始让康变得更加热爱思考，思考生命的意义。

在不断地治疗的过程中，康对自己的病情有了更深入的了解。由于国内的骨髓资源实在太少，许多白血病患者因为没能及时进行骨髓移植，而眼睁睁地等待着死亡的逼近。

康突然想：我为什么不能发动更多的人行动起来，充实国家的骨髓库，来挽救更多不幸的患者呢？想到这里，康的整个心灵被激情的光辉照耀着，并感觉到活下去的勇气和意义。

康开始为自己的计划而忙碌。他一再拒绝父母给自己买的补品，他让他们给他买来更多的医学书籍。通过学习，他了解到捐献骨髓不会给捐献者带来伤害，人们的不支持只是来源于对相关医学知识的不了解和不熟悉。康决定用自己有限的生命去召唤更多有爱心的人。康开始给最熟悉的同学打电话。被深深感动的好朋友，都成了计划的支持者。碰到陌生人，康就不失时机地游说他们加入捐献队伍中来。许多人因此而感动，不到一个月的时间就有 70 多名骨髓捐献者做出了行动……

痛苦犹如长在人身上的毒瘤，再高超的医术也无法将之修复得完好无缺，总会残留下抹不去的痕迹，不经意地触动神经。一举手、一抬足牵动全身。面对死亡的逼问，人们才领会到了生命的本质。在死亡面前，蝇头小利的人性欲望才会变得黯然失色。

人的生命是有限的，经不起浪费，只要你能把握生命中的每一秒，那么你的目标也就离你不远了。 人生最宝贵的是生命，生命对于我们每个人来说都只有一次，珍爱自己，珍惜生命，就是对生活负责，对爱我们的人的最大安慰！

心灵惜惜语

与其失去了才醒悟拥有的宝贵，不如在得到时就好好珍惜，珍惜生命的人会把每一天都看成最后一天。不让每一刻荒废，每一天都有紧迫感。该做的就不要犹豫错过，属于自己的好好把握。每时每刻都无悔地奋斗，只要努力，不轻言放弃，人生便会因拥有的而快乐美好。

学会欣赏沿途的风景

现代人的生活喧嚣而忙碌,越来越多的人渐渐变得只重视事情的最终结果,而往往忽视好好享受与体味人生丰富的过程。这就像烧开水,许多人不想烧前面的99℃,只想烧最后的1℃。人们不想爬山,只想一步到达顶点。于是,他们的人生越来越像是一个被他们在匆忙中咽下的三明治,细细去品味浓汤的感觉,已经离他们很远了。

有两棵大小相同的树苗,同时被主人种下,也被一视同仁地细心照料,不过,这两棵树的起跑点虽然相同,后续的成长状况却大不相同。

第一棵树拼命地吸收养分,一点一滴储备下来,仔细地滋润身上的每一根枝干,慢慢地累积能量,默默地盘算如何让自己扎扎实实、健康苗壮地成长。

第二棵树也一样非常努力地吸收营养,不过它追求的目标与第一棵树不同,它将养分全部聚集起来,并使劲地将这些养分推至树端,一心想着如何让开花结果的时间提早来到。

第二年,第一棵树开始吐出了嫩芽,也十分积极地让自己的主干长得又高又壮;而第二棵树也长出了嫩叶,不过它却迫不及待地挤出了花蕾,似乎随时都可以开花结果。

这个景象让农夫非常吃惊,因为第二棵树的成长状况非常惊人。只是,当果实结成时,由于这棵树尚未长成,却提早承担了开花结果的责任,因此一时间吃不消,把自己折腾得累弯了腰,至于所结的果实更是因为无法充分吸收养分,比起一般正常的果实要酸涩。

再加上它的体型矮小,许多孩子们都喜欢攀上树端嬉戏玩乐,拿那些还未成熟的果实游戏,时日一久,这棵树逐渐失去了生长的活力。

第一棵树的情况却完全相反,原本不被看好的它,反而越来越苗壮,在经年累月的耐心等待之后,终于花蕾绽放。由于养分充足、根基稳固,不久

结成的果子也比其他的树更大更甜,而那急于开花结果的第二棵树却日渐枯萎。

很多人就像第二棵树一般,尚未深扎根、储存营养便急着出头表现,然而,当他们一出头,也就意味着能力不过如此而已。

智慧的哲人教导我们在追寻遥远的人生目标时,不要忘记欣赏旅途上的风景。

心灵悄悄话

有时候,美好的风景其实就在离你很近的地方,但是因为你把目光投向遥远的地方,结果对身边的风景视而不见。很多人把自己的人生目标定得非常高,总是实现不了,于是越来越灰心,最终连目标也没有了。有时候,只需要降低一点点,就会发现生活中的很多美好。

完美的不一定是最好的

《圣经》中记载,当亚当、夏娃被逐出伊甸园后,人类互相残杀,世间充满强暴、仇恨和嫉妒。

上帝看到人类的种种罪恶,十分愤怒,决定用洪水毁灭这个已经败坏的世界,只留下当中的义人。上帝告诉诺亚说:"去用歌斐木打造一艘方舟吧,因为人类犯下了错误,我将惩罚毁灭他们。"

诺亚十分伤心,他问:"如果知道他们会因犯下错误而被毁灭,当初您为什么不直接派天使来到人间?"

上帝回答说:"不,天使太完美了,太完美就没有了进步的可能。不完美是做人的代价,也是做人的本质。"

上帝毕竟是上帝,他知道对于人类来说,完美的不一定是最好的。然而,在生活中,我们却往往为了追求完美而"大动干戈",到头来不但得不到理想中的完美,而且弄得遍体鳞伤。

有一次,约翰要在客厅里钉一幅画,请邻居来帮忙。画已经在墙上扶好,正准备钉钉子,邻居说:"这样不好,最好钉两个木块,把画挂在上面。"

约翰遵循他的意见,让他帮着去找木块。

木块很快找来了,正要钉的时候,邻居突然说:"等一等,木块有点大,最好能锯掉点。"于是他便四处去找锯子。找来锯子,还没有锯两下,"不行,这锯子太钝了,"他说,"得磨一磨。"

邻居家有一把锉刀,锉刀拿来了,他又发现锉刀没有把柄。为了给锉刀安把柄,他又去学校外面的一个灌木丛里寻找小树。要砍下小树,他又发现那把生满老锈的斧头实在不能用。他又找来磨刀石,可为了固定住磨刀石,必须得制作几根固定磨刀石的木条。为此他又到校外去找一位木匠,说木匠家有一个现成的。然而,这一走,就再也没见他回来。

最后,至于那幅画,约翰还是一边一个钉子把它钉在了墙上。下午再见到邻居的时候,是在街上,他正在帮木匠从商店里往外抬一台笨重的电锯。

生活中的成功者,往往并非是拥有别人所不及的天赋。他们与普通人的最大区别在于,善于把不完美的一切尽可能地利用起来,尽可能地实现圆满。

有一次,世界著名小提琴家欧利·布尔在巴黎举行一次音乐会。在饱含深情的演奏过程中,小提琴上的A弦突然崩断了。

一般来说,演奏者在这种情况下会停下来,换一把提琴再演奏。如果不巧找不到另外一把适用的小提琴的话,这支曲子也就只好到此为止了。

但是欧利·布尔在这种情况下表现出了与众不同的天才:他用剩下的三根弦演奏完了那支曲子。

这就是生活中最重要的一课,教我们如何直面生命中的不足与缺憾:如果小提琴的A弦断了,就用其他三根弦把曲子演奏完吧。

心灵悄悄话

任何事情都必须有度,越过这个度就会发生质变,就像水超过100℃就会变成汽,到了0℃会变成冰一样,对完美的追求超过了一定的度,就可能成为一个不完美的脆弱外壳,尽管从其外形看上去有多么诱人,却经不起生活的轻轻一击。

幸福是一种心态

所谓幸福就是一种感受、一种心理感受。我们经常会听说某人身在福中不知福,这就是说某人的心态不端正,由于情绪、性格、爱好等因素影响个人对外界事物的看法,而这种看法决定着是否感受到幸福,所以心态起着支配作用。可以这样说,幸福是一种心态。

两只老虎,一只终日被关在动物园的铁笼子里,经过驯化成了远近闻名的动物明星,整天过着三餐无忧的生活。偶尔一次表演,不仅会博得全场热烈的掌声,而且还会获得一顿美餐。为了生活,为了生活得更好一些,老虎不得不使出浑身解数,摆出各种各样的造型来取悦游客。

这样的生活,日复一日,年复一年。每当夜深人静的时候,唯一一个可以看见星光的天窗,便成了老虎最向往的地方,它总会拖着臃肿而且疲惫的身体,向着家乡的方向近乎绝望地久久凝望。它忘不了森林里雨后的芳香,忘不了年少时伙伴们嬉戏的草地……它多么想回到森林里,过上自由的生活。

而另一只老虎,它常年生活在茂密的原始森林里,过着居无定所、食不果腹的生活。一双锐利的眼睛,飘忽不定,闪烁着警惕的光芒。它无时无刻不在提醒着自己,也许再往前迈一步,就会踩到猎人的陷阱里,也许身后的大树旁正有猎人拿枪瞄准了自己的心脏,也许吃完了脚下的这只黄羊,下一顿饱餐还不知在哪儿,也许在熟睡的梦里,一场飘泼大雨便会将自己浇一个透心凉……它多么羡慕笼子里的那一只虎明星,不用为觅食拼命奔波,不用为躲过猎人的追捕而终日惶惶不安,甚至不用为争夺地盘而和同伴进行一场场血腥的厮杀。

一次偶然的机会,两只老虎终于如愿以偿了。虎明星成功地逃离了桎梏它多年的铁笼子,回到了令他魂牵梦绕的森林里,又一次听到了鸟语,闻

到了花香。在树上用力擦了擦爪子之后,它对未来的生活充满了信心。而森林里的那只老虎却荣幸地钻进了笼子,它终于可以睡个安稳觉了,长出一口气后甚至做上了当明星的美梦。

时间在不知不觉中过去了,原来的虎明星在林子里饿得两眼直冒金星,曾经油光发亮的毛皮变得斑斑驳驳,在风中瑟瑟发抖的毛发是它每次狼狈逃跑的真实见证。它甚至开始怀念动物园里的日子,怀念曾经不屑一顾的各种美味,那种感觉虽然单调但却也安逸。疲软的四肢告诉它,它已不再属于森林,这里不再是它梦中的天堂。终于,有一天,它因饥饿过度、体力有限、经验不足,沦为了猎人的战利品。

而那只关在笼子里的老虎呢? 由于在森林里过惯了流浪的生活,骨子里的野蛮不会在驯兽员的皮鞭下轻易屈服,游离狡猾的目光使它的献媚让人感到毛骨悚然。几个回合下来,驯兽员对它失去了信心。做明星的美梦破灭了! 望着眼前的铁栅栏,老虎潸然泪下,它受不了狭小的空间限制,不禁又想起了生它养它的大森林,那里有它的自由,那里有它的追求……这只可怜的老虎终因心事重重郁闷而死。

故事的结尾是悲惨的却又是发人深省的。本来生活得好好的两只老虎,却因为互相羡慕对方的所谓幸福生活而最终一命呜呼。设想一下如果它们从始至终,一直都很珍惜各自所拥有的一切的话,结果又会如何?

不要只一味地艳羡别人。幸福对于我们来说,无时不在,无时不有。它不会因你是掌权者而频频光顾,也不会因你是平民百姓而与你疏远;它不会因你富有而慷慨,也不会因你贫穷而吝啬;它不会因你年老体弱而驻足,也不会因你年轻强健而过分亲昵……

一位挑水夫,有两个水桶,分别吊在扁担的两头,其中一个水桶有裂缝,另一个则完好无缺。在每趟长途的挑运之后,完好无缺的水桶,总是能将满满一桶水从溪边送到主人家中,但是有裂缝的水桶到达主人家时,却只剩下半桶水。

两年来,挑水夫就这样每天挑一桶半的水到主人家。当然好水桶对自己能够送满整桶水很感自豪。破水桶呢? 对于自己的缺陷则非常羞愧。它为自己只能负起责任的一半,感到非常难过。它特别羡慕好水桶的完整。

它终于忍不住,在小溪旁对挑水夫说:"我很惭愧,必须向你道歉。""为什么呢?"挑水夫问道,"你为什么觉得惭愧?"

"过去两年,因为水从我这边一路地漏,我只能送半桶水到你顾主家,我的缺陷,使你做了全部的工,却只收到一半的成果。"破水桶说。挑水夫替破水桶感到难过,他很有爱心地说:"在我们回主人家的路上,我要你留意路旁盛开的花朵。"

果真,他们走在山坡上,破水桶眼前一亮,看到缤纷的花朵,开满路的一旁,沐浴在温暖的阳光之下,这景象使它开心许多。但是,走到小路的尽头,它又难受了,因为一半的水又在路上漏掉了。破水桶再次向挑水夫道歉,挑水夫说:"你有没有注意到小路两旁,只有你的那一边有花,好水桶的那一边却没有开花呢? 我明白你有缺陷,因此我善加利用,在你那边的路旁撒了花种,每回我从溪边回来,你就替我浇了一路花。"

"两年来,这些美丽的花朵装饰了主人的餐桌。如果你不是这个样子,主人桌上也没有这么好看的花朵了。"

心灵悄悄话

命运赐给我们欢乐和机遇,同时也给了我们缺憾与苦难。我们没有必要怨天尤人,更不必以偏概全、畏缩自卑。用珍惜的态度对待生活,就会减少许多无奈与烦恼,多一些欢乐与阳光。唯有如此,才能做命运的主人。

第八篇

允许不完美

事实上，我们的缺点背后往往都隐藏着优点，而阴暗面都对应着一个生命礼物：好出风头只是自信过度的表现；不拘小节说明你内心自由；胆小能让你躲过飞来横祸；撒点儿泼在有些场合是解决问题的最好方式。阴暗面也是生命的一部分，只有真心拥抱它，我们才能具有完整的生命。每个人都希望得到周围人的认可，希望得到他人良好的评价。但是即使你努力迎合所有人，也未必能获得所有人的欢心，因为每个人的审美观和需求都不一样。因此，我们没有必要为了迎合他人，而刻意地改变自己。

你不是完美的,却是独一无二的

保持自己的本色,用自己的个人魅力吸引他人、征服他人!

被周围人喜欢的感觉是美好的、快乐的。我知道,要获得别人的认可和赞赏,必须符合他们的审美情趣,而且这一点在人际交往中也很重要。

可是,所谓众口难调,毕竟每个人都有自己的爱好和审美观,想要做每个人心中的维纳斯,几乎是不可能的。

有人说,女孩子天真活泼才可爱,活泼的女孩给人一种青春的活力;也有人说成熟的女性才迷人,成熟能散发出一种女性独有的沉稳魅力……

那么,到底应该保持天真可爱的性情,还是追求女性的成熟魅力? 到底是保持自己的本色,还是去迎合别人的"口味"呢?

每个人都希望得到周围人的认可,希望得到他人良好的评价。但是即使你努力迎合所有人,也未必能获得所有人的欢心,因为每个人的审美观和需求都不一样。因此,我们没有必要为了迎合他人,而刻意地改变自己。

比如,一个女孩找男朋友。为了迎合男朋友"喜欢文静女孩"的心理,而压抑自己好动的个性,假装成一个安静的淑女。过了不多久,她的本性就会显露,而她也会感受到伪装的痛苦。

年轻人要记住,人们的每一种个性都有它的可爱之处,也都会找到欣赏它的人。任何时候,都是做自己最快乐!

在生活中,追求一个并不适合自己生活模式的人很难获取成功,也很难获得幸福。保持自己的本色,在顺其自然中充分发展自己是最明智的。

每个人都有自己的特色,就像世界上没有相同的两片树叶,同样,世上也没有一模一样的两个人。特别是在这个社会,个性独特的人往往有更多的机会。

当然,在纷纭的世界里,在复杂的人际关系中,要保持自己的本色也不是一件容易的事。

有个人一心一意想升官发财，可是从年轻熬到白发，却还只是个小职员。他为此极不快乐，每次想起来就掉泪，有一天竟然号啕大哭起来。

办公室有个新来的年轻人觉得很奇怪，便问他到底因为什么难过。他说："我怎么不难过？年轻的时候，我的上司爱好文学，我便学着做诗写文章。想不到刚觉得有点小成绩了，却又换了一位爱好科学的上司。我赶紧又改学数学、研究物理，不料上司嫌我学历太浅，不够老成，还是不重用我。后来换了现在这位上司，我自认文武兼备，人也老成了，谁知上司喜欢青年才俊，我……我眼看年龄渐高，就要被迫退休了，一事无成，怎么不难过呢？"

上面这个人的悲哀，源自于他对自己的不自信，他的脑海中满是诸如"我应该像某某人一样""领导喜欢什么样的人，我就要做什么样的人""他喜欢文静一点的，那我就不动了"这类观点。而这类观点引导着他不断地效仿他人。

有一个成语叫作"邯郸学步"，出自《庄子·秋水》，我相信很多年轻人都知道这个典故。说的是，有个燕国人听说邯郸人走路的姿势非常优美，便慕名前往去学习人家走路，结果没有学会人家走路的姿势，反而把自己原先走路的样子给忘记了，最后只好爬着回来了。

学习和模仿在生活中固然是不可缺少的，但是在向他人学习和模仿的时候，一定要冷静，考虑自身条件。问问自己，适合别人的东西，是否同样适合我们自己。年轻人都应当懂得，自己最吸引人的地方是什么，怎么样利用自己的特点让自己独立于人群之中。

心灵悄悄话

别人怎么看你，那是别人的想法，重要的是要自己欣赏自己，不要盲目地去模仿别人，适合别人的不一定适合自己，这样只会把你弄得像一个马戏团的小丑。不妨告诉自己，"我就是我，没有比这更美好的了，我虽不是完美的，但我是独一无二的。无论如何，我只需做好我自己，做最好的自己就足够了。"

勉强的完美，不如有遗憾的真实

有些人总闹心自己做不好，难免陷入沮丧。

有些人从小似乎就有完美主义情结，任何事情都要做到最满意为止。穿衣服，要穿得整整齐齐，容不下丝毫的污渍；漂亮的脸上长了一个不协调的黑痣，有些人会迫不及待地想要做个整容手术，去掉它；一件毛衣快织完，发现中间织错了一针，有些人也会毫不犹豫地拆掉重新织。很多事情都坚持自己"完美主义"的原则。

为此，有些人也付出了很多艰辛，做同样的事情，要花费更多的时间和精力，有时候甚至做了不少无用功。

有些人一直以来都是如此，当看到别人投来赞许的眼光的时候，获得了极大的满足，同时，当一件事不能做到尽善尽美的时候，又感到很失望。难道追求完美，也错了吗？为什么那么累？

有一个女孩纠结于自己的完美主义情结，很苦恼。就像她自己所说的，在学校的时候，她的成绩一直都是班上最好的，无论是在高中还是大学，总是班里的第一名。

工作以后，她仍然希望自己的这种完美成绩不被打破，做什么事总是不信任同伴，凡事都要自己去做才放心。她对自己的要求高，对一起共事的搭档要求也高。她知道自己是个不满生活现状的人，而且对自己的要求就是——做个女强人。

然而，上天似乎并不满足她的这个愿望。所谓天外有天，人外有人。工作之后，她才发现其实周围的高人很多，她不过是芸芸众生中平凡的一位。每当部门有同事比她优秀，比如得到领导的口头表扬，或是得到了单位的额外奖金，她的脑袋里就会一片空白，感到紧张。这个女孩完全陷入自己设置的完美主义的陷阱中。

每个人都是有追求的。追求高质量的生活,对自己也是一种积极的动力,但是如果对这种追求过于执着,一旦自己的能力达不到既定的目标,就会让自己进入一个死胡同,久久转不出来,因而产生一种心理压力。最终不仅事情没有做好,还影响到自己的心理以及身体健康。

奶奶在我很小的时候曾给我讲过一个故事,我至今记忆犹新。当时我为了纠正作业本上的一个错字,不停地用橡皮去擦那个错误,试图把错误擦得干干净净,就像没有发生过一样。结果,反复的擦拭把作业本弄破了,而我又不甘于整齐的作业被作业本上的这个黑洞"玷污",而得不到满分。

最后,我只好用一本新的作业本重写,那次作业整整花了我大半天的时间,我为这件事苦恼得很,不知道哪里出了错。于是奶奶给我说了这个故事:

有一个渔夫从海里捞到了一颗漂亮的珍珠,非常喜欢。但是,令人遗憾的是,珍珠上面有一个小黑点。渔夫想,如果能把这个小黑点去掉的话,这颗珍珠将成为无价之宝。于是,他把珍珠去掉了一层,但是黑点仍在。再剥一层,黑点依然在。最后,黑点没有了,但珍珠也不复存在。

追求完美是人们孜孜以求的最高境界。可是世间却没有人敢打包票地说,自己就是完美的人,做过一件真正完美的事。就像我那曾经写了错别字的本子,我即使把它擦得自认为不留痕迹了,可那擦过的影子却依然残留着。它依然不完美。

美好的事物是我们追求的,但是一旦追求过分,那就未必是一件好事。在任何事情上,追求完美,想把事情做得圆满,代价往往就是将"大珍珠"也追求没了。所谓完美,不过是美丽的陷阱。一旦陷入进去,你不但对自己的糟糕处境浑然不知,而且还心甘情愿地折磨自己,以至于越陷越深,不能自拔。

留一点余地给自己,给自己的不完美剩下一个小小的空间,那个小小的空间就叫遗憾! 因为一点点的缺失,完美不再是完美;可正因为这一点点缺失,完美不再是完美,却成了真实,是一种有了遗憾的真实! 这遗憾又可能成为我们追求完美的动力! 倘若什么都圆满了,那么我们还追求什么呢?

因此,留下一点小的瑕疵又有何妨? 任何事情只要我们努力,做到自己的最好，就可以了。

接受那些不能改变的，这是一句听起来多么无奈的话，像是一种懦弱与无能的态度。其实，生活中有很多事情都是不以我们的意志为转移和改变的。不够完美的人和事，随时都存在。我们不喜欢它们，并不代表它们就不存在。有些事情既然存在，我们又无法去改变，那么就耐心地接受吧。

每个人都有自己的优点和缺点，我们要做的，不是穷极一切力量去改变自己的缺点，而是要更好地发挥自己的优点。

很多时候，我们对自己期望太高，希望自己这也做得最好，那也做得最好。但是，一个人的时间和精力是有限的，若是把时间和精力投入自己的劣势上的话，如果运气好，还有可能改变一点点，但过程却相当的漫长，而自己的优势也会在自己的怠慢之下没有了可以发展的空间；如果运气不好的话，就会痛苦地生活一辈子，一生都处于自卑中，到最后，自己的优势不复存在；劣势却依然存在，甚至被自己所强化，变得更加的强大，最终我们只能以惨败收场。

年轻人要记住，人无完人，一个人再怎么努力，都没法做到绝对的完美。若是能够做到完美无缺，那他就不是人，而是神了！

心灵悄悄话

不要钻牛角尖，一味地追求自己的完美理想。比尔·盖茨给年轻人的忠告：许多残酷的事实，我们是无法逃避和无所选择的，抗拒不但可能毁了自己的生活，而且也许会使自己精神崩溃。因此，在无法改变不公和不幸的厄运时，要学会接受它、适应它。

多一点自信，就会多一点主见

我对生活其实没有多高的要求，喜欢看别人的决定办事，听别人的意见生活，不喜欢动脑筋，没有自己的主张。

当一件事情，别人不看好时，我就顾虑重重，打消念头；我本不想做的事情，别人一怂恿，我就会马上去做。我的立场总是不坚定。面对选择，我经常摇摆不定，即使决定的事情，也经常改变。

我习惯跟着别人转来转去，没有自己的追求。一旦身边缺少了给我出主意的人，我就像生活失去了重心，不知所措。我的这种性格和习惯需要改变吗？

在我们的生活中，有的人愿意领导他人，有的人愿意跟随他人。那些领导者常常是做事有主见的人，而那些跟随者常常是因为自己不会做决定，所以不得不跟随他人。

很多年轻人做事没有主见，怕负责任，甚至怕对自己负责任，所以总是愿意跟着周围的人，要错一起错。因为有这样的想法，所以他们宁愿把自己的决策权拱手让给他人，宁愿围着他人转。这样的人，他们或许会幸福，也或许不幸。幸福是因为别人让他幸福；而不幸，同样也是别人让他不幸。对于自己的生活，他们完全没有发言权。

然而，即使你凡事完全不动脑筋，跟随别人，不同的人也会有不同的想法，一旦别人的意见产生了分歧，你又如何去选择呢？

我身边有这么个年轻人，是个即将毕业的大学生，在毕业的前夕面临考研还是找工作的选择，非常苦恼。他本来想毕业后就找份编程的工作，但是一打听，现在找工作太难了，而且很多同学都考研了，他又开始犹豫了。不知道自己应该如何选择。父母似乎也看不清未来的形势，因为很多年轻人研究生毕业后，找工作仍然很难，而且不如本科生。

所以，父母让他自己做决定。以前，他总抱怨父母安排了他的一切，让他没有自主权，没想到，自己对父母的决定原来如此的依赖。现在真的要让自己做决定了，他却感到茫然，甚至是恐惧。因此，他的内心冲突很严重。

　　每个人都需要对自己的人生负责，有很多的决定都需要自己做。每个人都有自己的看法，强求统一、不加分辨地听从别人的意见是愚蠢的。他人的态度和行为是我们的参考，他人的意见往往也是我们自己行为的镜子，但我们不能在别人的目光中改变自己的人生坐标。如果老是被别人的看法左右自己的行动，就会一辈子匍匐在别人的脚下。

　　自以为是、刚愎自用是愚蠢的，但唯唯诺诺、随波逐流又是窝囊的。胆小怕事的"鸵鸟人"和人云亦云的人永远都不会走近成功。只有那些做人有主见、处事敢决断的人才能最终获得成功。那么，我们应该怎么办呢？

　　首先，无论做什么事情，都要善于动脑筋。无论事情发展到什么地步，自己的主观思路始终要起引领作用。

　　如果自己的主观思路出现偏差或者错误，则需要在整体把握方向的前提下，进行适当的修改与调整。对于别人的意见或者建议，可以听取，但是采纳与否，要对事物的整体发展情况进行判断后再选择，不可盲目地听从他们的指挥，也不能一口否决他们的善意。

　　其次，扩大自己的知识面，让自己增长见识。一般情况下，知识渊博的人说话会更有分量，更能得到别人的认可。其实主见也可以作为知识的代名词。你要是和一个有本事的人在一起，你是不是感觉没主见？因为他的知识多，你会的他都会，你不会的他也会，自然就不用你的主见了。

　　再次，在生活中多积累经验。一个成熟的人，即使遇到困难，也不会慌乱，不会逃避，而是能够迅速去寻求解决的办法。但年龄并不能说明一个人是否成熟。

　　积累经验不是说一个人随着年龄的增长而经验就跟着增长，而是要靠与社会长期的接触，和不同性格的人沟通，加上一定的头脑，才可以令你成熟，才可以变得有主见。

　　有的人年龄不大，但是处世非常老练，就是因为他们积累得多。一个人有了一定程度的经验积累，那么在待人处事的时候就会从多方面看问题，这样自然就会体现出他的成熟。

年轻人有主见，才会有思想，有思想才会有思路，有思路才会有发展，有发展，人生才会充满成就感！

坚持自己所开辟的道路，不要受到他人观点的牵制。活着就是应该充实自己、依赖自己、对自己负责、为自己生活。

心灵情情话

最后，做事不要急躁，想好了再做决定。年轻人在任何时候都要有计划，要沉稳处理各种事务，并要做好应急的心理准备。对于特殊情况下出现的任何情况，都要有个最低限度与最高限度的把握，这样才不至于会出格，才能使事情沿着大体的思路与方向发展下去。

年轻气盛，总要为情绪付出点代价

一个人生气时时候，他的智商相当于 5 岁的小孩，所以生气的时候最好不要做任何决定！

很多年轻人，在为人处世方面表现得不够成熟。跟别人谈得投机的时候，恨不得把心都掏给对方；而一旦遇到不顺心的事，马上就跟着情绪走，变得像个打足了气的球一样，随时都会爆炸。这种情绪就像六月的天，小孩的脸——说变就变。

人们的情绪化行为，从心理学的角度来看，是一个人心理发展的障碍，让人变得缺乏理智、不成熟，甚至会成为不堪设想的后果的起端。

我们每个人的情绪都会时好时坏，这是不可避免的。范仲淹所说的"不以物喜，不以己悲"的境界，并不是那么容易达到的。但事实证明，没有任何东西比我们的情绪，更能影响我们的生活了。所以，年轻人应该学会控制自己的情绪。千万不要因为自己年轻气盛，而做出让自己后悔的事情来。

最近公司要裁员，内勤部的冬梅和婷婷出现在裁员名单中，规定一个月后离岗。那天，大家看她俩都小心翼翼的，更不敢和她们多说一句话。她俩的眼圈都红红的，这事搁在谁身上谁都难受。

第二天上班，冬梅的情绪仍很激动，有同事想劝她几句，她都怒冲冲的，像吃了一肚子火药，谁跟她说话就向谁开火，对谁抱怨，开始说领导的坏话。以前她负责为办公室员工订盒饭、传递文件、收发信件，现在也懒得去理了；同事们看她一副要吃人的样子，也就不再支派她工作。

裁员名单公布后，婷婷哭了一个晚上，第二天上班也无精打采，可打开电脑、拉开键盘，她就把工作以外的事都抛开了，和以往一样地勤恳工作。婷婷见大伙不好意思再吩咐她做什么，便特地跟大家打招呼，主动揽活。她说，是福跑不了，是祸躲不过，反正都这样了，不如干好最后一个月，以后想

干恐怕都没机会了。婷婷仍然勤奋地打字、复印,随叫随到,跟同事们仍然谈笑风生。

一个月满,冬梅如期下岗,而婷婷却从裁员名单中删除,留了下来。主任当众传达了老总的话:"婷婷的岗位谁也无法替代;婷婷这样的员工,公司永远不会嫌多!"正是由于婷婷善于控制自己的情绪,才为自己迎来了"柳暗花明又一村"。

当一个人在气急之时,思虑不成熟,情绪一发不可收拾,言语不知节制,表现失态。在这种情况下做出的举动,当然是不顾后果的。

其实情绪的好坏是由自己掌握的:你以积极的心态去看待一切事情,你就是快乐的;你要是以消极的态度去看待你身边的事情,你就是悲伤的。快乐与不快乐就是一种感觉。

有一位企业家,素以行事稳健著称,即便每天身处瞬息万变的商场,他也几乎没有犯下过什么致命性的大错,所以,他所经营的公司也就日渐成长。

几年后,他要退休了。在荣退茶会上,记者们问他这几十年来的成功秘诀,他只笑笑说:"其实我没什么特别秘诀,我之所以能顺利,是因为我懂得在愤怒的时候少说话、少做决定,所以我不容易坏了大事。"

短短的一句话,却给当天在场的人上了重要的一课。

突如其来的变化往往会引发愤怒的情绪。现在想想,当你生气、发怒的时候,你通常是怎么做的呢? 下面的几个词可以帮助年轻人有效地控制自己的愤怒情绪。

1. 回避

愤怒时,要记住:闭嘴,不动。因为你的任何一句话,或一个小举动都会让事情变得更糟。你需要做的就是回避,找一个安静的地方自己待着。

比如,当你的同事或上司与你发生了争执,你正欲发火的时候,可以借机到外面抽一支烟,或是倒一杯开水。几分钟后,等你再次回到办公室,也许你的想法会有所改变,至少你不会像刚开始那样冲动。

2. 冷静

愤怒是一个人很自然的反应。当人们面临危险或者压力时,很容易产生愤怒的情绪。然而,越是愤怒,越需要冷静。冷静地思考,你发怒的目标

是否正确？即使目标正确，你的怒气会不会反而伤害了自己？你的怒气会造成什么样的结果？你发怒是否能解决问题？

3. 调节

遇到不愉快的事，应多从好的、积极的方面着想，笑对痛苦，保持豁朗的情怀。不要瞻前顾后、想入非非，不要有过高的奢望，合理调节自己的抱负，有助于走出困境。当然，改变环境，也能起到调节情绪的作用。当你受到不良情绪压抑时，不妨到外面走走，看看美景。大自然的美景，使人旷达，对于调节人的心理活动有着很好的效果。

4. 发泄

有怒气在心中，为了不造成糟糕的结果，就需要一味地压抑在心里吗？当然不是！在一些不能发泄的场合，我们必须压抑不良情绪，但是长期的压抑也会导致心理不健康。我们需要给心中积攒的坏情绪找一个出口，将它们适当地发泄出来。发泄情绪的方法有很多，比如大哭一场、找知心朋友倾诉、发发牢骚、唱欢快的歌、拳击、跑步等。

心灵悄悄话

　　每个人都是有追求的。追求高质量的生活，对自己也是一种积极的动力，但是如果对这种追求过于执着，一旦自己的能力达不到既定的目标，就会让自己陷入一个死胡同，久久转不出来，因而产生一种心理压力。最终不仅事情没有做好，还影响到自己的心理以及身体健康。

向前看,给自己积极的暗示

你把自己看得太低,别人就会把你看得太低。

我总是不看好自己。每看到别人的优势和长处,我的心中就隐隐作痛,还有一种莫名的紧张。我觉得自己总是不如别人,自惭形秽,丧失信心。现在,我知道别人都不屑于理我。

我总是担心一辈子就这样了。或许我什么都做不好。在我的内心中,也羡慕过那些优秀的人,但我信命,我觉得这一切都是上天注定的。

其实,我也曾想到过改变自己,但不知道如何改变。因为感到自己不合群,担心别人瞧不起,所以我觉得自己很孤独,经常情绪低落。我该怎么办?

有些年轻人常常把自己看得很低,在与人交谈的时候也常常把自己贬得一文不值,甚至不敢与别人的眼睛对视,更有的连走路都不敢抬头。他们对自己缺乏自信。

上个周末,我约了几个朋友一起打羽毛球。朋友过来了,还带了一个20多岁的男孩。这个男孩乍一看像个高中生,其实是朋友单位新来的同事,大学刚毕业。他个头很小,身高不足一米六,话很少,除了打球外,一句话也没多说。

这个男孩的球技不错。一向自以为球技还不错的我,在他的面前,几个回合下来就输得一塌糊涂,而且输得心服口服。

看得出这个男孩很内向,或者说有些自卑。因此在休息的时候,我主动跟他说话。可是他好像总在回避我,不愿跟我多说,也一直回避跟我的眼睛交流。

朋友介绍说,他是一个优秀的男孩,可是就因为身高的缘故,一直都不爱跟人交往。这次叫他过来玩,也是说了很久才答应。朋友也想通过给他介绍多一些朋友认识,让他不再自卑。

这个男孩是一个被自卑情绪笼罩的人。自卑使他不敢主动与人交往，不敢在公共场合说话。有些自卑的人消极应付工作和学习，不思进取。因为自认是弱者，所以无意争取成功，只是被动服从并尽力逃避责任。自卑不仅会使心理失去平衡，而且也会引起人的生理变化，最敏感的是对心血管系统和消化系统产生不良影响。生理上的变化反过来又影响心理变化，加重人的自卑心理。因为自卑，错过了很多表现自己的机会；因为自卑，浪费了很多可以运用的资源；因为自卑，失去了很多唾手可得的职位和爱情等。

其实，我们只要自己有意识地暗示自己，自卑就会悄然离去，离成功也就不远了。

有一个叫清华的女孩，毕业后在一家公司做秘书。她写得一手好文章，而且很勤快，把办公室收拾得井井有条，总是能够保质保量地完成工作。经理很喜欢这个聪明勤快的助手，可是，每当他跟清华说话的时候，清华总是唯唯诺诺，从来不发表自己的意见，有时候声音小得她自己都听不见。

清华来自一个贫穷的农村。贫穷让她很早地就挑起了家里的重担，贫穷更激发了她好好读书的念头。凭着优异的学习成绩，她被保送上了某大学的研究生，毕业后直接就被公司录用了。

本来清华很优秀，但是她来自农村，在城市人面前，总感觉自己低人一等。遇到需要维护自己权利的时候也往往放弃了。经理是个和蔼的老人，他慢慢了解了清华的心结，并告诉她，一个人无论来自农村，还是城镇，都不重要，重要的是一个人要对自己有信心，有信心干好每一件事，特别是，该是自己的，就要懂得去辩护和维护。

此后，在每次开会和接见宾客的时候，经理总是有意无意地询问清华的意见，让她当众发表自己的意见，阐明自己的理由。刚开始清华还是有些不敢说出自己的想法，在经理的鼓励下，清华终于说出了自己独特的见解，有的还被采纳了。慢慢地，清华终于不再唯唯诺诺，而是可以当众有条不紊地发言了。

清华发现，原来只要自己有能力，就没有什么可惧怕的，自己完全可以比别人做得更好。

清华的成功离不开锻炼，正是由于经理常常让她在重要场合练习谈话，

才让之前"作茧自缚"的她"破茧而出"。那么,我们应该如何打破自卑的枷锁呢?

首先,正确评价自己。你不妨将自己的兴趣、嗜好、能力和特长全部列出来,哪怕是很细微的东西也不要忽略。你会发现自己有很多优点。对自己的弱项和遭到失败的方面持理智和客观的态度,既不自欺欺人,又不将其看得过于严重,而是以积极的态度应对现实,这样自卑便失去了温床。

其次,挑前面的位子坐。你是否注意到,无论在教学或各种聚会中,后排的座位都是先被坐满的。大部分占据后排座的人,都希望自己不会"太显眼"。他们不希望受到他人的关注,慢慢地,到最后可能也不会受到自己的关注。任何时候,不妨坐在前面,让自己成为万众瞩目的焦点。

再次,练习当众发言。尽量多练习主动与人说话,比如参加讨论会时,主动发言,主动提出建议和意见,要做破冰船,第一个打破沉默。也不要担心你会显得很愚蠢。比如,在路上遇到熟人,主动跟人打招呼,主动向他人问候,不要再对自己说"我怀疑我是否敢说出来"。

最后,把你走路的速度加大25%。心理学家告诉我们,借着改变姿势与速度,可以改变心理状态。你若仔细观察就会发现,身体的动作是心灵活动的结果。那些遭受打击、被排斥的人,走路都拖拖拉拉,完全没有自信心。使用这种"走快25%"的技术,抬头挺胸走快一点,你就会感到自信心在滋长。

心灵悄悄话

人的自卑心理来源于心理上的一种消极的自我暗示,即"我不行"。什么是自卑?哲学家斯宾诺莎说:"由于痛苦而将自己看得太低就是自卑。"这也就是我们平常说的,自己看不起自己。

内向不是错，性格也能逐步完善

有人说，性格决定命运！

性格内向的我从小就怕见陌生人，也很少主动跟人打招呼；我更喜欢一个人独处。因为我不善言辞，所以我的圈子越来越小，朋友也越来越少。

一直以来，我没有什么知心朋友，都是些泛泛之交。我跟周围的人没有什么矛盾，即使有矛盾也不敢说出来，只会自己默默忍受。因为自己的内向，所以常常被开朗的朋友们拿来消遣、取笑。我不想反抗，却也不想一直容忍下去。

我一方面想改变，另一方面又不由自主地继续封闭自己，总是害怕别人伤到我的自尊心，所以把自己包裹得越来越严实。我只想告诉他们，我不比他们差，我只是性格内向而已，难道性格内向也有错吗？

性格内向的人在公众场合不易或不会表露自己的观点或看法，平时沉默寡言，朋友不多，形单影只，对重大社会事件反应比较迟钝，很少发表建议和见解。另外，对个人利益一般不会主动争取，对环境冲突反应表现为退缩或躲避。

与开朗的人相比，内向的人更容易失去一些机会和朋友。很多年轻人之所以难以成功，与他们的性格有很大的关系。

王秋是一个性格比较内向的女孩，从小就怕见生人，家里来了亲戚都不敢见，路上碰见熟人也不好意思打招呼；她很少与人争吵，凡事都是忍让，过着与世无争的生活；她从不参加聚会活动，即使参加了也不说话，怕自己说错话，成为别人的笑柄。可是自从工作以后，她的这种性格就显得格格不入了。

因为很少与主管交流，负责的项目改过很多遍，都不符合要求；因为很少与同事接触，同事之间也没有任何工作以外的交流，更没有交情可讲；因

为内向,不爱主动和别人打交道,她的朋友很少,周末只能待在家里独自一人看电视。

内向让她失去了很多与人交流的机会,让她失去了很多可以结交的朋友,也让她失去了可以伸展自己才能的空间。

生活中,像王秋这样的年轻人很多。他们性格内向,不懂得如何与人打交道,尤其是与异性交往时,总是很拘谨。他们试图改变自己的讷口拙言、不善交际,但是或者因为害怕自己说错话,或者因为胆怯,或者因为一些我们所不知道的原因,在一次次的公众场合中,一个人闷头闷脑地待在角落里。

心灵悄悄话

年轻人应该客观地评价自己的性格,不断地完善自己,使自己与这个社会相适应,而不要抱怨自己"与生俱来"的个性。

充分发挥自身的性格优势

性格内向的人总是按照自己在特定心态下附加的联想意义来解释外界事物,因此,他们比较习惯于沉浸在个人的精神世界中,日久天长,便逐渐养成了沉稳踏实、喜欢思考、耐心谨慎、自制力强、平易近人、坚韧文静的个性,但有时也有敏感多疑、心绪消沉、胆小软弱、固执拘谨、因循守旧、精神怠惰、行动迟缓的特性。

黄俊在一家单位做保安员。他的性格内向,无权无钱也无任何背景,每天只是默默无语、兢兢业业地做着他的分内以及许多分外之事。但是,出人意料的是,他的朋友却很多,甚至不乏大款,而且他们与黄俊的友情相当深厚。

这一点并不奇怪,因为他的那些"老板朋友们"成年累月都在生意场上东征西杀,板着面孔说话,端着架子做人,常常弄得自己身心疲惫,而和黄俊交往时,感觉就完全不同了。他虽然话少,但自然朴实;他虽然没有什么过人的能力,但十分坚韧踏实。黄俊谨慎沉稳的性格还使朋友们在与他相处时感到十分放松,以至于不由自主地将自己的许多不为人知的心里话讲给他听,黄俊听得非常专心,但从不会胡乱表态,更不会东传西播,令朋友没面子。

从黄俊身上不难看出,性格内向、少言寡语的人,不喜欢锋芒毕露,能够为他人保守秘密,是个很好的倾听者,靠得住。所以,他们往往比那些快嘴快舌的所谓性格外向者更容易博得其他人的信任,周围的人有什么话也更愿意对他们讲。我要说的是,性格内向也不绝对是一种缺点,用不着因为内向而不自信。也就是说,我们可以内向,但不能不自信。性格是可以改变的。

可能有人会说,我的性格是天生的,怎么可能改变呢？的确,江山易改,本性难移。但是一个人的性格却是可以通过不断的学习和训练,得到完善的。

如果你希望提高自己与人交往的能力,交际时更轻松、自然,这是可以通过锻炼做到的。可以尝试循序渐进地为自己设立一些目标,并一步一步地达成更高的目标。具体可以参考以下三点建议：

第一步目标：不再逃避集体活动,主动加入。

第二步目标：参加活动时,主动与两个以上的人打招呼。

第三步目标：与他人进行较长时间的交流。

每次努力后要对自己的表现作一个总结,并用 10 分制打分(10 分代表最好),当针对一个目标连续三次达到 8 分以上时(这个分数标准可以自己定)进入下一个目标。

另外,性格内向的你还可以与身边那些喜好交际的人交朋友,这些人容易接近,并且他们的热情也会慢慢感染你。

心灵悄悄话

从心理学的角度来看,一个人的气质(脾气秉性)是与生俱来的,比如活泼、迟钝等,这些无法改变；而性格是在后天的环境中逐渐形成的,受人的价值观、人生观、世界观的影响,因此性格是可以逐渐完善的。

正直的人吃小亏，邪恶的人吃大亏

正直是做人最基本的品行。

在这个复杂的社会里，充满了虚伪、冷漠、欺骗。我很想做个纯洁正直的人，因为我从小就受到真善美的教育。可是，当看到社会上的一些黑暗的时候，我的心开始动摇了，或者说有些失望。

上学的时候，有同学因为舞弊而得了高分，凭借实力答卷的我，却落到了后面；工作后，有人不择手段，欺上瞒下，获取了利益，而一直脚踏实地的我，却还在基层锻炼。

"如果别人都这样，我岂不要吃亏？"我有自己的做人原则，又不甘心那些心术不正的人获取成功。自己真的要这样吃亏下去？

有些年轻人步入社会几年后，会看到社会上的很多现象悖于老师的教诲。老师教导他们的是，做一个正直、善良、可信的人，然而在社会上，他们却看到很多不正直、不善良、不可信的人和事。最让他们感到困惑的是，那些虚伪、丑恶、无信的人，居然还生活得很好，而且获得了某方面的成功。

自己应该坚持原则，维护真善美，还是与那些假丑恶同流合污？这个问题很简单，但是用一个现在流行的词来说，也很纠结。比如，你的同事虚报业绩，而得到了提升；你的业绩不错，却原地踏步。你的朋友欺骗他人，而发财致富；你老实本分，却生活窘迫。对于这些，你愤愤不平，感叹上天不公，其实，你只看到了眼前的状况，也只看到了一个浅显的层面，你不知道接下来会发生什么。

年轻人不要被那些外表看似华丽的事物蒙蔽了双眼，应该把目光放得长远一点，做自己应该做的事情，坚守自己的做人原则。

古代有个成语"刚正不阿"就是赞扬正直的。一个人有正直的品德，对自己要求严格，不谋私，不贪利，不文过饰非，不隐瞒自己的观点，不偷奸要滑；对他人不阿谀奉承，不阳奉阴违，不包庇坏人坏事；处理事情敢于主持公

道,伸张正义,抨击邪恶……能堂堂正正,光明磊落地做人。这样的人,本身就有一种值得他人钦佩的品德魅力。

因实在忍受不了老板的盘剥,阿朗和同事阿龙一同跳槽到了另一家广告公司。新公司所给的待遇比原来的强很多,老板不但付给了他们理想中的薪金,而且还三天两头请他们单独进餐,说他们是难得的人才。

为了报答新老板的盛情,阿朗施展出自己的看家本领,为客户设计了几套广告方案,客户看后连连说好。有一天晚上,老板一高兴,又请阿朗到当地最负盛名的饭店吃宵夜。几杯酒下肚,老板问阿朗,为什么要跳槽到自己的公司来。阿朗很坦诚地说:"您也知道,假如前老板对我有您一半的好,我也不会跳槽呀!"

老板看了他一眼,说出了一句仿佛想了很久的话:"我知道你在原来公司的职位,也知道你在原公司有不少客户,只要你动员他们过来,成与不成,我保你比原来的职位还要高。"说完,老板侧着头斜视着阿朗,等他的答复。

"这事我不能!"阿朗听完坚定地说。老板很诧异地看着他,问他为什么?要知道,这么优厚的条件诱惑力还是很大的。"不为什么,这是我做人的原则。"

"要知道,他是怎么对你的。他不要你了,你有必要还维护他的利益吗?"新老板"煽风点火"地说。

"我这不是维护他的利益,这是在维护自己的尊严。"阿朗说完这句话,本来等着老板下逐客令,没想到老板竟举起酒杯,和他再也没说过这样的话。

也就是从那天起,阿朗见到阿龙逐渐和老板接触多了起来,有几次还坐着老板那辆宝马车出出进进的,很是风光。

其间,阿龙也曾悄悄对阿朗说:"老板说了,只要把过去的客户拉过来,比别的客户多给10个百分点的提成。"并告诉我,他从老板多给的10个百分点的提成中拿出3个百分点来回馈客户,客户都高兴得很呢!

这样过了两个多月,老板在全公司的会议上宣布:明天,我将做出一项重大决定,有一个人将被解聘,而另一个人将会成为公司的副总。

走出会议室后,阿龙悄悄拉了拉阿朗的手,小声说:"怪你自己!"

阿朗没想到自己这次跳槽的经历会这样短命,然而,出乎意料的是,第

二天事情居然戏剧性地变化了。老板又拉着阿朗到了酒吧吃消夜,并让人事部通知阿龙离开。

"为什么要选择让他离开?"阿朗问老板。"幸亏他对我的公司还不熟悉,否则我公司的商业秘密,可就危险了。"老板笑着说。

阿朗坚持自己的做人原则,赢得了老板的信任。而为了自己的利益,做有损他人事情的阿龙,终究靠不住。

要相信,正直是一种稀缺的品格。坚持,你会获得额外的收获,不要管别人做了什么!

心灵悄悄话

哲学家康德说过:"世界上最使人敬畏的东西就是头上的星空和心中的道德律。"一个正直的人,无论处于何种不利的境界,在他的心中,始终有原则提醒他该做什么,不该做什么。

第八篇　允许不完美

该放手就放手，该忘却就忘却

忘却可以忘却的，忽视可以忽视的，原谅可以原谅的。

我经常对一些事情感到后悔，一想起曾错失的利益和机会，就后悔不已，有时候甚至会长时间地自责。

比如，当我买某件物品，若发现自己买贵了，就一直耿耿于怀。我会想："早知道，我就不买了。""真是吃了大亏了。"一件事情做砸了，我会遗憾不已，"如果我当时那样做的话，就不会这样了。"

一件好事，能让我兴奋好多天；一件坏事，也能让我郁郁寡欢很多天。我就是这样一个人。可能因为我的思想常常停留在过去，憎恨和懊悔太多，所以我总是觉得自己不快乐！别人为什么总是拿得起，放得下呢？

在我们每个人的心灵深处，都希望自己能天天快乐，一生都无忧无虑，然而，很多时候，我们却发现，快乐总是难以找到；烦恼、忧愁和痛苦总是缠绕在我们身边，仅存的一丝快乐被沉淀在水底。

我也曾有一段时间一直不快乐，并非真的遇到了什么灾难，而是把不该看重的事情看得太重，总希望得到太多，又不愿意舍弃任何能得到的东西。对生活的期望值不断地升高，到头来什么也没有得到，导致我的苦闷随着欲望的增加而增加。

我想，现在很多年轻人跟当初的我一样，对于名誉、地位、金钱、权利等，当获得它们的时候，十分满足；而一旦要放下它们（或是被迫放下）时就不舍，变得十分沮丧，感到生活突然失去了方向。人生的兴奋与苦恼，说到底也就是欲望在折腾人。

我有一个朋友，从大学毕业到现在，成功地经营起了一家公司。一路走来坎坎坷坷、有起有落，但他从来不觉得自己有多了不起，也从来不觉得自己有多倒霉。这一点是我最欣赏他的。

几年前的他，拥有高薪的工作，常常让同龄人羡慕。有一次，他无意间

犯下了一个小错误,导致了公司百万元的损失。他遭受了公司上上下下的责备和嘲弄,更遭受了对自我的一种否定。最终他不得不和公司签订了协议,每个月固定为公司还债,钱从他的工资里面扣除,也就是说以当时的薪水计算,他要白白为公司干上四年。

很多人说他昨天还在天上,今天就摔到地下了,说他倒霉。他却什么也没说,还是跟往常一样工作。他知道,他所失去的这些东西,还会重新回到他身边,所谓"千金散尽还复来",没什么值得懊悔和沮丧的。

在认真分析错误原因的同时,他总结出了一些经验教训,并且以加倍的热情积极投入工作,用自己更多次的成功向众人宣布,他并没有那么容易被打垮。最终,他提前一年还完了欠公司的债。

后来,他用自己这几年积累的各种资源,成功地创建了自己的公司。

我的这位朋友正是因为放下了心中的负担,才能够鼓足干劲,东山再起。现在有很多年轻人,却做不到。

有一个年轻人,在大学的时候,一直成绩不错,但是性格比较内向。找了一个女朋友后,他投入比较多,两人相处了两年多时间,他感到很满足,但是那个女孩最终觉得他太沉闷,就提出跟他分手。她不声不响地从他们同居的地方搬走,然后消失得无影无踪。

这件事对这个年轻人的打击太大了,他没有想到女朋友会无声无息地离开自己,于是,整天把自己关在家里,用他在博客中的话来说就是"再也没什么值得我信任的,再也没什么值得我去爱的……"

一位农夫和一位商人在街上寻找财物。

他们发现了一大堆未被烧焦的羊毛,两个人就各分了一半捆在自己的背上。归途中,他们又发现了一些布匹,农夫将身上沉重的羊毛扔掉,选些自己扛得动的较好的布匹;贪婪的商人将农夫所丢下的羊毛和剩余的布匹统统捡起来,重负让他气喘吁吁、行动缓慢。

走了不远,他们又发现了一些银质的餐具,农夫将布匹扔掉,捡了些较好的银器背上,商人却因沉重的羊毛和布匹压得他无法弯腰而作罢。

这时,天降大雨,饥寒交迫的商人身上的羊毛和布匹被雨水淋湿了,他踉跄着摔倒在泥泞当中,生了一场大病;而农夫却一身轻松地回家了,他变

卖了银餐具,生活也变得富足起来。

　　在人生路上,我们因为想抓住一些我们无法挽回的不幸事情,以及一些给我们带来痛苦和忧郁的事情,而经历了很多的折磨和痛苦。我们应该忘记它们、忽视它们,不然,会错过未来更好的机会。

　　大千世界中有多种诱惑,如果你什么都想要,什么都抓住不放,你拥有的不会更多,只会徒增烦恼。年轻人要懂得该放就放,因为你还年轻,还有更多的机会获得更好的、更适合自己的东西。

心灵悄悄话

　　生活中不顺心的事十有八九,要做到事事顺心,就要拿得起放得下。所谓"放得下",是指一种心理状态,就是遇到"千斤重担压心头"时能把心理上的重压卸掉,使自己轻松自如。其实,对于年轻人来说,失败并不算什么,不如早点从过去的痛苦中走出来,开始一段新的征程。该放手就放手,该忘却就忘却,这样会让你变得轻松。

在小事中寻找快乐

　　我们今天拥有比前人更丰富的物质享受,比如更精美细腻的食物、更高档的家居水平等。然而反复和高频的高级享受的刺激,会提高人们对刺激感的需求,使人无法再享受小事或平常生活中的乐趣,从而形成越享受就越感觉不到享受的恶性循环。于是,很多人麻木了。难怪有不少人评论自己:"我从来没有像今天这样富裕,然而却再也感觉不到从前贫穷的日子里那种从小事中得到快乐和满足的兴奋。"我们有 1000 条理由该高兴,然而却高兴不起来,这在心理学上称为"幸福的悖论"。

　　一个人收获快乐的多寡,除与外界因素有关外,还主要与自身的心理有关。人生许多烦恼都是自找的,有的人常常自我画地为牢,用过高的甚至贪婪的欲望追求来囚禁自我,自己将自己推入痛苦的沼泽,深陷其中而不能自拔。其实,每天都有许多快乐的小事能够让我们高兴,只要我们用心去感受。只要用心我们可以发现鸟语花香、美味的食物、淳厚的友谊和有意义的工作。人要经常想现在的快乐是很重要的,因为它既可以作为缓冲保护我们不受悲伤的冲击,也可以直接影响我们的身心健康。试着并学会为小事高兴是一种健康的心理调节。

　　有一个心理实验,请受试者在六周内观察自己的心情,每个人身上都带着呼叫器,记录他们当时的感觉并评定当时有多快乐。结果很清楚:不起眼的"小快乐"累加起来的快乐程度要远远大于短暂的期望值很高的"大快乐"。一些很简单的小事,比如晴天去外面散步一小时、带小狗去户外遛遛或做手工艺品送给亲人朋友,这些加起来的快乐远远胜过"中大奖"之类的短暂的强烈的快乐。

　　心智是个奇怪的东西,会记得不寻常的事,却忽略一般的事情,例如去注意飞机失事,却不注意每天全世界有 4000 多次飞机安全起降。我们只记得生命中的大事,而这些大事通常是极端正面或负面的,所以当我们回顾一

生,会误认为快乐是建筑在那些重大的事件上,而忽略了每天发生在我们生活中的小事。

只要能全力以赴,从每天一件小事中得到的快乐也是无穷的。比如,写了一篇日志一会儿就有人回了,就会感觉自己也是被人关注的,并因此而快乐;去开会拿到了一本集邮册,觉得没花钱却得到了一份很有价值的东西而快乐;为朋友的生日送上了一张生日卡,她发短信来告诉她很开心,同样我们也很开心;在赶公交车的时候,正好不用等车就来了,这难道不值得我们高兴吗?……过好每一天,每天都为一件小事而高兴、快乐,那么,我们将一生都拥有充实快乐的生活。

有人把快乐比喻成幽灵,说它飘忽不定很难寻找。而事实上,快乐幽灵并不神秘稀缺,它们成群结队、无时无刻不在人间游荡,犹如雨后的阳光洒满大地。快乐需要我们去发掘,需要我们去寻找。只要我们擦亮双眼努力去寻找,快乐就总会出现在眼前。

有人说,类似于打扫卫生的家常小事就可以让人有小小的成就感,进而感受到快乐。快乐都是靠自己体验的,事情虽小,感触却可以很深。这样一来小事就不小了,就像水滴能汇聚成汪洋大海那样,点滴小事带来的快乐汇聚起来也能成为快乐的海洋,足够滋润我们向往快乐的心田。

心灵悄悄话

如果一个人没有真正用心去发现快乐,那么他永远也找不到快乐的感觉。生活中的每件小事都有其独特的意义,它们都是寻找快乐的根源。只要细心去观察、去探索,你会惊奇地发现原来快乐一直都伴随着你。

第九篇

告别欲望

　　欲望,就是想要达到某种目的或者想要得到某种东西。

　　欲望存在于每个人的内心深处。有些人善于把握自己的欲望,而有些人则是让欲望冲出了底线,失去控制。

　　有欲望就会有追求。世界上不论什么都是两面性的,好与坏,善与恶。人也是一样,就是再好的人也有他阴暗的一面,再恶的人也有他温情的时候。而每个人又是两面的,谁敢说自己从没有邪恶的念头。

不要在欲望中迷失自己

当一切得到了满足后,又会生出另一种奢求,无止无尽。很难说是好是坏,也许这就是欲望。它可以是邪恶,也可以是崇高,从某一种意义上讲,没有它的存在,人可能只是拥有了一个麻木的躯体,没有了思维的行尸走肉。行走在冰冷的荒原,行走在繁华地市的霓虹灯下,不管是哪一种状态,内心都充斥着复杂而又难懂的欲,摆脱一种无奈,需要洗涤内心的污垢。经历越多,包袱越沉重,随着年龄、阅历思想的成熟,开始简化自己,让欲望变得平静。当内心真正懂得去为一种真谛而领悟时,这很重要! 欲望就是真经在人的内心的渗透,无须为漫无目的的游走放逐一抹期盼,实际上是无法寻求归宿感的那般茫然、恍然若失的迷茫。这种欲望是清澈的、宁静的,磨去了棱角,收敛了锋芒,这种欲望变得畅快,释去了负重内心的苍凉,多了份豁达与豪迈。

人不能完全知道以后的路,能亲身经历感受的只是现在,当下的每一件事、每一段经历都会是真实的体会,一切关于自己的厄运或者是好梦。你内心可以放任欲望,勾起幻想把未来一切诗化,可以放任欲望在梦想的河流,漂流游荡在心海的深处。有了这种期盼,所有未知的世界像落日前的黄昏,发生在夕阳与黑夜的交界处,似在混沌而又朦胧中破开。世事多艰、命运多舛,唯有这种期盼让行者的信念更坚定,支撑精神无畏任何磨难,从不气馁。渡口的船,扬起浆,划破平静的水面,远离的河岸似乎在告别自己的过去。浩瀚的水面似乎显得平静,在下个地方也会有激流险滩,你发现人就是在烈日和暴雨下行舟,你不知道航船的尽头在哪里? 行者并不会孤独,内心早已变得坚如磐石,不管经历什么遗憾、什么挫败,只要心中有欲,就不会让自己在艰难困苦中妥协,所有被寄予的追求就在当下。你会让自己的欲望变得强盛吗?

有一位禁欲苦行的修道者,准备离开他所住的村庄,到无人居住的山中

去隐居修行。他只带了一块布当作衣服，就一个人到山中去居住了。后来他想到，当他要洗衣服的时候，他需要另外一块布来替换，于是他就下山到村庄中，向村民们乞讨一块布当作衣服。村民们都知道他是虔诚的修道者，于是毫不犹豫地就给了他一块布，当作换洗用的衣服。

当这位修道者回到山中之后，他发觉在他居住的茅屋里面有一只老鼠，常常会在他专心打坐的时候来咬他那件准备换洗的衣服，他早就发誓一生遵守不杀生的戒律，因此不愿意去伤害那只老鼠，但是他又没有办法赶走那只老鼠，所以他回到村庄中，向村民要一只猫来饲养。

得到了猫之后，他又想到了："要吃什么呢？我并不想让猫去吃老鼠，但总不能跟我一样只吃一些野菜吧！"于是他又向村民要了一头奶牛，这样那只猫就可以靠牛奶为生。

但是，在山中居住了一段时间以后，他发觉每天都要花很多的时间来照顾那头奶牛，于是他又回到村庄中，找了一个可怜的流浪汉，带着无家可归的流浪汉到山中居住，帮他照顾奶牛。

流浪汉在山中居住了一段时间之后，他向修道者抱怨："我跟你不一样，我需要一个太太，我要过正常的家庭生活。"修道者想一想也有道理，他不能强迫别人一定要跟他一样，过着禁欲苦行的生活。

这个故事就这样演变下去，你可能也猜到了，到了后来，也许是半年以后，整个村庄都搬到山上去了。这其实正是发生在我们每个人身边的故事，欲望就像是一条链，一个牵着一个，永远都不能满足。

一个不可否认的事实就是：一点欲望都不存在的人是找不到的。欲望确实很难抵挡，连聪慧异常的夏娃都禁不住诱惑，而偷吃禁果，何况我们这些在滚滚红尘中穿行的凡人。

世界是美好的，美好的生活是人人都向往的。正是这种向往，激励着人们克服一个又一个艰难险阻，驶向理想的彼岸。向往有大有小，有高有低，有的是为别人，有的是为自己，若控制不当，向往就会迷失方向，泛滥成灾，"欲壑难填"说的就是这个道理。

我们人类在各种年龄段会有各种不同的欲望，这本不是我们的错。我们的错在于不能使我们的欲望接受理智的规范与约束，这中间的区别不是有没有欲望，而是有没有管束欲望的能力与克制自己欲望的功夫。

蒙克夫·基德是一位登山家,在未戴氧气瓶的情况下,他多次跨过6500米的死亡线,并最终登上了世界第二高峰——乔戈里峰(海拔8611米)。他的这一壮举于1993年被载入世界吉尼斯纪录。在颁发吉尼斯纪录证书的记者招待会上,他这样描述无氧登山的奥秘:"无氧登山的最大障碍是欲望,因为在山顶上,任何一个小小的杂念都会使人感觉到需要更多的氧。我之所以取得成功,就是因为我学会了清除欲望和杂念的法门。"

蒙克夫·基德是明智的。正如古罗马哲学家塞涅卡所说,能约束自己的人最有威信、最能成功。

我们若能在读书、上学时,克制住玩及谈情说爱的欲望;工作时,克制住享乐的欲望;做一件具体的事时,克制住想做其他事的欲望。这样,定能让自己活得更有成绩、更有意义。

心灵悄悄话

欲望,是一种人与生俱来的东西,人有活着的欲望,有要饭吃、要衣穿、要房住的欲望。最基本的欲望得不到满足,当然是一种痛苦。但是,所有的欲望都得到了满足也未必是一种幸福——何况,人压根儿就不可能有所有的欲望都得到满足的时候,因为,欲望的尽头还是欲望。

第九篇　告别欲望

别让欲望的火烧到自己

美国俄亥俄州立大学的学者们近日宣布一项研究结果：人类所有的行为都是由 15 种基本的欲望和价值观所控制的。

参与测试和调查的 2500 名全美各阶层人士代表必须如实回答 300 多个设计好的问题，经过专家学者结合心理学和精神病学的综合分析，得出了 15 种基本欲望：

好奇心：所有人对学习求知的渴望是不可抗拒的；

食物：对食物的饱腹感有欲望是人本能的需求；

荣誉感：以此满足个人心理，并构成一个完整的社会结构；

被社会排斥的恐惧：这令人们被动且自觉地遵守规则；

性：弗洛伊德将其置于"清单"之首；

体育运动：人们对运动和健康的渴望是天生的；

秩序：人人都希望在日常的生活中占有一席之地；

独立：对于自作主张的渴望；

复仇：就像莎士比亚著作里的王子那样不会轻易忘记仇恨；

社会交往：渴望成为众人中一分子并拥有众多的朋友；

家庭：与家人共享天伦之乐的欲望；

社会声望：对名誉和地位的渴望；

厌恶：对疼痛和焦虑的厌恶；

公民权：对公共服务和社会公正的渴望；

力量：希望影响别人。

那么，是什么控制人的这些欲望呢？专家学者研究后发现：一是信仰（道德），占总体的 80%；二是制度（法律），占总体的 20%。所以人的正确行为主要源自正确的信仰和道德。

欲望是每个人都有的，唯一不同的是欲望是什么。一个人如果可以合

理地分配自己的欲望,他不一定会成功,但是他如果不注意分配的话,那么他注定失败。

要记住:凡事皆有度。如果不懂得节制你的欲望,到头来一定是得不偿失。

一个沿街流浪的乞丐每天总在想,假如我手头有两万元钱就好了。一天,这个乞丐无意中发觉了一只跑丢的很可爱的小狗,乞丐发现四周没人,便把小狗抱回了他住的窑洞里,拴了起来。

这只小狗的主人是本市有名的大富翁。这位富翁丢狗后十分着急,因为这是一只纯种的进口名犬。于是,就在当地电视台发了一则寻狗启事:如有拾到者请速还,付酬金两万元。

第二天,乞丐沿街行乞时,看到这则启事,便迫不及待地抱着小狗准备去领那两万元酬金,可当他匆匆忙忙抱着小狗又路过贴启事处时,发现启事上的酬金已变成了三万元。原来,大富翁寻狗不着,又打电话通知电视台把酬金提高到了三万元。

乞丐似乎不相信自己的眼睛,向前走的脚步突然间停了下来,想了想又转身将小狗抱回了窑洞,重新拴了起来。

第三天,酬金果然又涨了,第四天又涨了,直到第七天,酬金涨到了让市民都感到惊讶的数字时,乞丐这才跑回窑洞去抱狗。

可想不到的是那只可爱的小狗已被饿死了,于是乞丐还是乞丐。

下面咱们再来看一个故事。

有一个老头儿和他的老太婆住在大海边,住在"一所破旧的小木棚里",老头儿天天撒网打鱼,老太婆天天纺纱结线。这些事实表明老头儿家里很穷,老太婆当时还是爱劳动的。

有一天,老头儿打到一条金鱼,不要任何报酬,将她放回了大海。这件事表明老头儿是个心地善良的人。但是,老太婆知道这件事以后却破口大骂,硬逼着老头儿去向金鱼要一只新木盆。金鱼满足了老太婆的要求。但是老太婆又破口大骂,让老头儿再去要一座木房子。金鱼给了她一座木房子。从这两件事看,老太婆的愿望还不高,要的都是生活中急需的东西;但

是，从她骂老头儿的话中，可以发现她很不讲理，得寸进尺。

随后，老太婆三次向金鱼提出要求的情形。第一次，老太婆表示"不高兴再做平凡的农妇"了，她要做"世袭的贵妇人"。金鱼满足了她的要求。老太婆当上贵妇人以后，却把老头儿派到马房里干活儿。这件事表明老太婆的思想已经变了，她开始脱离劳动人民，当剥削、欺压劳动人民的统治者。第二次，老太婆声称"不想再做世袭的贵妇人"，"要当个自由自在的女皇"。金鱼又一次满足了她的要求。当老头儿回来时，"老太婆看都没看他一眼，就吩咐左右把他从眼前赶开"。这件事充分地暴露了老太婆贪得无厌的心理，她当上贵妇人，成为统治阶级的一员仍不知足，还要当全国的最高统治者，要奴役所有的人。第三次，老太婆声称她已经"不高兴再当自由自在的女皇"，而"要当海上的女霸王"，并且要金鱼亲自侍奉她，听她使唤。这一次，金鱼不但没有答应她的要求，还收回了以前送给她的一切。当老头儿从海边回来时，他看到的仍旧是那所破旧的小木棚，老太婆面前还是那只破木盆。金鱼所以这样做，是因为她已经看出老太婆贪婪的心是永远不会满足的。

从上面所说的这些事实可以看出，老太婆是一个骄横、凶狠、贪得无厌的人。她由穷变富、又由富变穷的遭遇，指出像老太婆这样贪心的人都是没有好下场的。

心灵悄悄话

其实人生在世，很多美好的东西并不是我们无缘得到，而是我们的期望值太高，往往在刚要接近一个目标时，又会突然转向另一个更高的目标。西方的一位哲人曾说过这样一句话："人的欲望是座火山，如不控制就会害人伤己。"

贫婪的代价

据说一开始上帝在创造蜈蚣时,并没有为它造脚,但是它却可以爬得和蛇一样快。

有一天,它看到羚羊、梅花鹿和其他有脚的动物都跑得比它还快,心里很不高兴,便嫉妒地说:"哼! 脚越多,当然跑得越快!"

于是,它向上帝祷告说:"上帝啊! 我希望拥有比其他动物更多的脚。"

上帝答应了它的请求。他把好多好多脚放在蜈蚣面前,任凭它自由取用。

蜈蚣迫不及待地拿起这些脚,一只一只地往身上贴去,从头一直贴到尾,直到再也没有地方可贴了,它才依依不舍地停止。

它心满意足地看着满身是脚的自己,心中窃喜:"现在,我可以像箭一样地飞出去了!"但是,等它开始跑步时,才发觉自己完全无法控制这些脚。这些脚各走各的,它非得全神贯注,才能使一大堆脚不致互相绊跌而顺利走下去。这样一来,它走得比以前更慢了。

任何事物都不是多多益善。蜈蚣因为贪婪,想拥有更多的脚,结果却适得其反;脚成了束缚它行动的绳索,代价可谓惨重。

一位古董商有一次在一处僻静的穷山村里,发现了一个老式红木旧柜子。惊喜过后,开始动了心思。他先与柜子的主人闲扯聊天,然后又假装不经意地开价600元表示准备购买这个柜子。主人同意了。

看到主人这么爽快地答应下来,古董商又觉得自己吃亏了:根本不应该出600元,也许400元就足够了! 但他还不能反悔,生怕对方看出破绽来。于是不死心地围着房前屋后细细琢磨。真巧,居然又让他找到了一把脏兮

分的红木椅子,他对主人说:"这个柜子实在太破了,拿回去也修不好,只能当柴烧。"山里人喃喃道:"要不,你就别要了?"古董商大度地一挥手:"说出的话,哪能随便咽回去? 这样吧,你干脆把那把椅子也送给我得了! 我明天早上来取这些柴。"

第二天,当古董商带车来装运柜子和椅子时,看到门前有一堆柴。主人走出来说:"你大老远地来一趟不容易,我已替你把柴劈好了。"

贪婪得来的东西,很容易成为人生中的累赘。贪婪让人丧失生活的乐趣,贪婪带来的压力越大,脸上的笑容越少,这或许便是代价。

官场贪婪付出的代价更大。古往今来,有多少有才之士苦经十年寒窗,终换得功名利禄,然而在面对金钱和利益时,却忘记了一切,最终的命运可想而知。

清朝乾隆年间,大贪官和绅,最初可是一个不可多得的人才。从小就显露出与众不同的聪明才智。经过多少年的努力,才有了出头之日,不断受到皇帝的重视,官一步步地升(这些官除他外别无人选),官越升越高,钱也越来越多,终于尝到了金钱的甜味,一发就不可收拾! 贪污,受贿,瓜分民财,使出浑身的解数。最后呢?

心灵悄悄话

我们作为新时代的青年,作为祖国明天繁荣昌盛的建设者,应该正确认识金钱,了解功利,不要在这些面前迷失了方向。要时刻牢记,自己为什么而奋斗! 要做对社会有用的人,千万不要沦落到让众人唾骂的境地!

知足常乐

虽然谁都会有些需求与欲望,但这要与本人的能力及社会条件相符合。每个人的生活有欢乐,也有失缺,不能攀比。俗话说:"人比人,气死人。"心理调适的最好办法就是做到知足常乐。"知足"便不会有非分之想,"常乐"也就能保持心理平衡了。

人的需求其实是很低的,但人的欲望却是无限膨胀的! 人应该学会尽量满足自己的需求,而尽可能地抑制那无限膨胀的欲望。顺从自然的本心,快乐地生活!"知足常乐"不应该只是说说。

有一户从农村来城里打工的人家,男人做的是城里人都不愿做的清洁工,每天拖着垃圾车往垃圾站转运垃圾,女的刚来时身怀有孕,生了孩子后,就出去给人擦皮鞋。他们租住的房子,是一户人家在围墙边搭盖的简易房,房子很小里面只能放下一张双人床,他们的家具都是别人丢弃的,有的根本就放不进房间里面,只能放在屋外。就连吃饭的饭桌也没有,有了也没地方放,他们只能在屋外吃饭,有时将菜碗放在板凳上,有时干脆将炒菜的锅当菜碗用,在锅里吃。

他们属于城市贫民,是城市里的边缘人,可是他们看上去没有一点愁苦的感觉。他们住的地方是宿舍大院的大门口,经常人来人往。那男的每天哼着小曲,忙进忙出,跟来来往往的人们打着招呼、聊着天,而且有求必应,特别热心,也特别快乐,永远一脸满足。他们觉得他们的需求已经得到了满足,所以,他们很知足。

可是,人们追求物质享受的无穷尽的欲望,有时却使人们的财富变成一种累赘。买了大房子还想买更大的房子,屋子装修了一遍又一遍,小汽车换了一辆又一辆,家具换了一套又一套,家用电器更新了一代又一代。不是因

为别的，只是希望那些东西、那些身外之物看上去更气派、更豪华、更先进。

每个人都有选择自己生活方式的权利，这无可厚非。但如果你那无限膨胀的对财富的欲望，影响了你的健康、你的爱情、你的婚姻、你的家庭、你的快乐，让你整天为此疲于奔命，让你寝食难安，带给你无限的烦恼，那么这种生活方式对你来说就太不值得了！

"一念之欲不能制，而祸流于滔天。"这是源于《圣经》的经典之语。世界其实很简单，钱本无善恶，钱能买到房子，但买不到家；钱能买到药品，但买不到健康；钱能买到床，但不能买到休息。因此，钱不是万能的。

人生必不可少的东西其实很少，也都不是奢侈品。只要我们认清了这一点，就可以活得从容一些。不那么忙碌，不那么心浮气躁。因为不管社会怎么发达、物价如何上涨，你只要具备一颗平常心，只追求一种平常生活，一生衣食无忧就是件很简单的事情。我们还可以腾出时间、精力来，从事一些别的追求和享受。

心灵悄悄话

> 其实，人的需求是很低的，远远低于人的欲望。你的房子再大，你也只能在一间屋子里，一张床上睡觉；把世界上所有的山珍海味都摆在你的面前，你也只能吃下胃那么大小的食物；你的衣柜里挂满了各式各样的高档名牌时装，你也只能穿一套在身上；你的鞋子有无数双，你也只能穿一双在脚上；你的汽车有无数辆，你也只能开着一辆在街上……

告别欲望，重拾快乐

欲望是人的心中最大的阴影，如果你不能告别欲望，你的心中永远也不能充满阳光。那么，我们要节制哪些欲望呢？

首先，我们应该节制金钱欲。钱这个东西，目前还起着一般等价物的作用，我们的衣、食、住、行都还得靠它。但君子爱财，取之有道。不该你得的，千万不要有非分之想。

原河北省外贸厅副厅长兼省机电产品进出口办公室主任李友灿收受索要巨额贿赂高达4700多万元。

有人给他算了一笔账，从2001年8月至2003年4月在任该职务期间，李友灿平均每月敛财235万元，日均近8万元。如此疯狂敛财，真是欲壑难填。然而有道是"人不可能把金钱带入坟墓，但金钱却可以把人带入坟墓"，李友灿也终于"人为财死"，被判处了极刑。

这样的案例的确发人深省。

其次，我们应该节制色欲。有人说，钱、色是一对孪生兄弟，所谓"饱暖思淫欲"。社会上不乏一些玩弄女性、养情妇、包二奶的人。但是，我们不妨静下心来看一看，这些人的结局不是进监狱，就是身败名裂。

再次，我们应该节制权力欲。一个人踏上从政的道路，在政治上追求进步，是正当的。然而，一个人如果官欲太强，为了达到目的，往往会不择手段。

河北省国税局原局长李真就是一个典型。他当秘书时想着如何当处级干部，当了处级干部就想着怎样到厅级，踏上正厅级行列后马上又谋划要成为省级后备干部，最终还想成为"封疆大吏"或"政府阁员"。

为了实现他所谓的"政治抱负"，造假档案，搞假文凭，编假政绩，什么伎

俩都用上了。而他的"问题的发生",正如他自己说的,"就是从贪权开始",毁也"毁在了官'迷'上"。

孟子曰:"养心莫善于寡欲。"如果我们没有那么多的欲望,我们的内心自然是明净的。简单的生活会让我们感受到更多的快乐。

心灵悄悄话

梁启超曾说:"富贵利达,耳目声色……皆足以夺志。"因此,我们每一个人都要保持平常之心,力戒贪欲。俗谚说:"家有黄金千斗,一日不过三顿;家有千间房,晚上一张床;储水万担,用水一瓢;大厦千间,夜眠八尺。"这些都是戒贪欲的金玉良言。的确,人的一生真正需要的其实非常有限。

第十篇

人生需要勇气

　　人最大的敌人是自己。想想一个人如果对自己做什么事情都信心满满,魄力十足,有勇有谋,从不轻易认输的话,那么还有什么困惑不能解决,还有什么事情会是你应付不了的呢! 这同时也是在挑战自己。

　　因此,要取胜就要拥有更大的勇气和力量。

　　不卑不亢,无论是对事还是对人都有一种极强的穿透力。如果你与生俱来就有这种品性,那么很值得恭贺;如果你还没有养成这种性格,那么尽快培养吧!

凭着微小的勇气也能走出困惑

有一个国王，他想委任一名官员担任一项重要的职务，于是招集了许多威武有力和聪明过人的官员，想试试他们之中谁能胜任。

"聪明的人们，"国王说，"我有个问题，我想看看你们谁能在这种情况下解决它。"国王领着这些人来到一座没见过的最大的门前。国王说："你们看到的这座门是我国最大、最重的门。你们之中有谁能把它打开？"许多大臣见了这门都摇了摇头，一些比较聪明的大臣，也只是走近看了看，没敢去开门。当这些聪明人说打不开时，其他人也都随声附和。只有一位大臣，他走到大门处，仔细检查了大门。观察一番后，他抓住沉重的链子一拉，门竟然开了。其实大门并没有完全关死，而是留了一条窄缝，任何人只要仔细观察，再加上有尝试的胆量，都会把门打开的。国王说："你将要在朝廷中担任重要的职务，因为你不限于你所见到的或所听到的，你还有勇气靠自己的力量冒险去试一试。"

成功和失败之间就隔着一道虚掩的门，以小小的勇气去推开它，生活就会完全不一样。

1968 年，在墨西哥城奥运会 100 米赛道上，美国选手吉·海因斯撞线后，转过身子看运动场上的记时长牌，当指示灯打出 9.95 的字样后，海因斯摊开双手自言自语地说了一句话，这一情景后来通过电视网络，发送到了全世界，至少有几亿人看到，但由于当时他身边没有话筒，海因斯到底说什么，谁都不知道。直到 1984 年洛杉矶奥运会前夕，一名叫戴维·帕尔的记者在办公室回放奥运会资料时好奇心大现，找到海因斯询问此事时，这句话才被破译了出来。原来，自欧文创造了 10.3 秒的成绩后，医学界断言，人类肌肉纤维承载的运动极限不会超过 10 秒。所以当海因斯看到自己 9.95 秒的纪

录之后,自己都有些惊呆了,原来10秒这个门不是紧锁的,它虚掩着,就像终点那根横着的绳子。于是兴奋的海因斯情不自禁地说:"上帝啊!那扇门原来是虚掩着的。"

是啊,以勇敢的姿态去面对所有的挑战,成功并不是你想象得那么难,所有困境可能都是纸老虎。

年轻人一定要心怀勇气,并将这份勇气保留到底。我们对重大事件沉默之日,即是我们的生命结束之时。

如果这个世界上有的只是唯潮流而动的人,未来的美好图景就将很难实现。当人怀着勇气并付诸行动后,一旦遭遇挫折、碰壁吃亏,也就渐渐失去了充满勇气的行动。如果你想着"这是一个少数服从多数的世界,如果大多数人都这样决定了,那就没办法了",那么真理就不能在大地生根发芽。

人们妥协了,真理就消失了。

勇气需要培植和坚守,真正有勇气的人能够让心灵始终与正义同行。它并非生而有之,因为即便是那些年轻时就充满勇气的人,一旦成家以后,特别是有了社会地位之后,通常也会渐渐变得不敢直言,养成保守的做派。至于那些在年轻时就缺乏勇气的人,到老了就更难有勇气了。

实现真理,需要勇气。请拿出勇气来,度过有勇气的人生。

心灵悄悄话

美国心理学家斯科特·派克说:"不恐惧不等于有勇气;勇气使你尽管害怕、尽管痛苦,但还是继续向前走。"在这个世界上,只要你真诚地付出,就会发现许多门都是虚掩的!凭着微小的勇气,能够获得无限的成就。

墨菲定律

1949 年,一位名叫爱德华·墨菲的空军上尉工程师参加了一项研究——"急剧的速度变化对飞行员的影响"的研究。

工程师们在参加实验的志愿者身上安装了监控器,以便能够监控其反应状况以测定人类对加速度的承受极限。

实验正式开始前,工程师们对实验的各个环节做了仔细的检查。然而,在实验真正开始的时候,却没有任何数据记录借由监控器返回。这使技术人员感到非常吃惊。

墨菲经过检查发现,一位同事"有条不紊"地将监控器内电池的电极装反了。

于是,墨菲啼笑皆非地对同事们开玩笑道:"如果一件事情有可能被弄糟,让他去做就一定会弄糟。"

后来,墨菲的这句话在记者会上,被那个受试者引用,并迅速传播开来,成为一个著名的论断。

实际上,墨菲所描述的这种现象在生活中是具有普遍性的。

比如,我们有可能会把钥匙忘在家里,比如果高跟鞋的跟可能会断,这样的情况屡见不鲜。

墨菲原来的那句玩笑话已经逐渐失去了它原有的局限性,演变成各种各样的形式,变成了著名的"墨菲定律",其主要内容是:如果坏事情有可能发生,不管这种可能性多么小,它总会发生,并引起最大可能的损失。

是的,一个被我们忽视的可能性,一旦发生,往往会带来一系列的影响,给我们造成巨大的损失。

乌鲁木齐市粮食局下属的一家挂面厂曾经投入巨资从日本引进了一条

挂面生产线,其后又花 18 万元从日本购进 1000 卷重 10 吨的塑料包装袋作为附带合同。

包装袋的袋面图案由挂面厂请人设计,设计样品经新疆维吾尔自治区经贸机械进出口公司与挂面厂审查后交由日方印刷。

然而,几个月后,当这批塑料袋印刷完毕运抵乌鲁木齐时,细心的人们发现了问题:塑料袋袋面图案上的"乌"字多了一个点,变成了"鸟"字,"乌鲁木齐"变成了"鸟鲁木齐",这下大伙全傻眼了。经过多方调查,发现原来是设计人员一时粗心大意,打印错了设计样本,而进出口公司的人员也一时大意,在检查时没有发现错误。

就是这个不大可能发生的小错误,直接导致价值 18 万元的塑料袋全部弃用,此外还造成了产品上市滞后,公司产销计划完全被打乱等一系列后果。

我们知道,一切事物是紧密联系的,任何事情往往都是牵一发而动全身。因此,我们应该尽可能把坏事情在发生之前杜绝掉,这是"墨菲定律"给予我们的启示。面对人类自身的缺陷,我们应该尽可能想得更周到、全面一些,尽可能地完善自我,采取多种保险措施,尽量防止偶然发生的人为失误。

有一次,享誉世界的 IBM 公司邀请了著名的管理学家迈克尔·梅士肯为他们的员工做培训演讲。

IBM 派了代表专门前往机场,迎接梅士肯。当这位代表接到梅士肯以后,便驱车前往会场。

这时,梅士肯发现他们后面还跟了一辆 IBM 的车,于是问这是为什么。代表回答说:"我们担心这辆车抛锚。"

到了会场后,梅士肯又发现主持人为他准备了两个麦克风,以防其中一个忽然失灵。甚至,IBM 公司还准备了另一个演讲人,以防梅士肯因事延误出席。

总之,几乎对于所有的不确定因素,IBM 都做了两手准备,以确保就算坏事情发生也不会产生不良影响。

与 IBM 公司做法迥异的是,有些人在制订计划时,从不考虑意外事件出

现的可能性,当意外真的发生的时候,手忙脚乱,无法妥善处理,造成无法挽回的结果。

心灵悄悄话

其实,事情之所以不能顺利进行,往往都是由于"意外"的发生。而这些所谓"意外",常常都是事件进程中必然会发生的。因此,为了免受意外的不良影响,我们应该预料那些可能发生的意外事件,在制订计划时附带考虑缓冲时间,并为此制订应急措施。总之,周全的计划和准备是事情顺利进行的必要保证。

狭路相逢勇者胜

在人生的道路上,我们总会经历这样或那样的困难、打击、磨难、成功与失败,在每一次的交锋与挑战中,有多少人选择了勇敢地走过去,又有多少人选择了就此放弃,有多少人选择了另辟溪径,又有多少人从此萎靡不振。当挫折与打击迎面而来的时候,人的本能的第一反应应该是放弃。如果一个人够坚强,在他冷静过后他就会选择重新地站立,重新面对,勇敢地走过去。反之,则会就此倒下,永远地放弃。

有时候真的挺相信那句"性格决定命运"。也许是性格的使然,自己一直喜欢进行自我挑战。正是一次次的自我挑战,才造就了今天的自己。我一直认为,人不同,潜在的能力也不同,而唯一相同的是没有人真正地知道自己的潜能到底有多大。有的人活一辈子都没能真正地了解自己潜在的能量,这样的人注定了庸庸碌碌地过一生;而有的人一次又一次地挑战着自己能力的极限,这样的人又注定了其辉煌灿烂的人生轨迹。

当面对困难的时候,我们真正缺少的只是再一次的坚持,也许你坚持了你就收获了意想不到的结果,你也就坚持了背后的美丽;如果你放弃了,可能你一辈子都不会知道坚持的背后是什么。当然,这里的坚持不是盲目的坚持,曾经无数次地告诉自己,对于生命中不属于自己的东西,不逃避也不强求,因为强求的结果除了伤了自己,什么都不会留下,但是对于属于自己的东西一定要执着地去追求,并且永不轻言放弃。

人,需要勇气与毅力,因为那是实现自我的条件,也需要爱心与乐观,因为那是完成自我的前提,更需要坚持与执着,因为那是实现生命价值的必须。

19世纪,在英国的公立学校常常会出现以强凌弱、以大欺小的事情。有一天,一个强悍的高个子男生,拦在一个新生的面前,颐指气使地命令他替

自己做事。新生初来乍到，不明白其中"原委"，断然拒绝。高个子恼羞成怒，一把揪住新生的领子，劈头盖脸地打起来，嘴里还骂骂咧咧："你这小子，为了让你聪明点，我得好好开导你！"新生痛得龇牙咧嘴，却并不肯乞怜告饶。

旁观的学生或者冷眼相看，或者起哄嬉笑，或者一走了之。只有一个外表文弱的男生，看着这一幕，眼里渐渐涌出了泪水，终于忍不住嚷起来："你到底还要打他几下才肯罢休？"

高个子朝那个又尖又细的抗议的声音望去，一看也是个瘦弱的新生，就恶狠狠地骂道："你这个不知天高地厚的家伙，问这个干吗？"

那个新生用眼睛盯着他，毫不畏惧地回答："不管你还要打几下，让我替他忍受一半的拳头吧。"

高个子在听到这出人意料的回答后，不禁怯懦地停住了手。

从这以后，学校里反抗恶行暴力的声音开始响亮，帮助弱者的善举也逐渐增多，两个新生也成了莫逆之交。那位被殴打的少年，深感爱与善的可贵，后来成为英国颇负盛名的大政治家罗伯特·比尔；挺身而出、愿为陌生弱者分担痛苦的，则是扬名全世界的大诗人拜伦。

人生途中，我们需要像拜伦那样，在别人只是畏惧地逃避，或幸灾乐祸地观看时，能够拿出勇气，这样做是为了善、为了爱，也为了启迪和震撼那些冷漠的心灵。

面对敌人一定要勇敢，你强他就弱，你弱他就强，很多时候，敌对双方的较量其实就是心理上的较量。勇敢面对你的敌人，有时你发现其实你并不懦弱，而且还会有超出你想象的强大力量。正如歌德所说："你若失去了财产，你只失去了一点；你若失去了荣誉，你就丢掉了许多；你若失掉了勇敢，你就把一切都失掉了！"如果你想得到，一定要有勇敢面对困难的态度。狭路相逢勇者胜，为了胜利一定要保持勇敢。

记住，面对敌人，内心不要害怕。只要勇往直前，你一定会胜利，而且没有不可能的。

很多大型鸟类在起飞之前都要先助跑一段距离，但鹰不是。鹰在开始振翅的一刹那就已经腾空，所以它们能够用利爪擒获猎物。它们从来没有

学习过"助跑"。

鹰的巢建在悬崖上。当小鹰们需要学习飞行时,它们不能像其他鸟类那样可以在平地上蹒跚学步,助跑,然后起飞。在它们的羽毛丰满前,鹰妈妈会示范各种飞行动作让它们看,但不允许它们乱动——因为它们可能摔下去。终于,小鹰们的羽毛长成了,它们对飞行跃跃欲试。

在一个太阳初升的早上,鹰妈妈感觉到山谷里的气流正在蒸腾上来,它觉得是时候了。

鹰妈妈对小鹰们说:"来吧,你们该飞了。"小鹰们的表情中透出兴奋,也有些畏惧。鹰妈妈用它巨大的翅膀一扇,把小鹰们从悬崖上扇了出去!小鹰们尖叫着下坠。鹰妈妈大喊:"伸开翅膀,飞呀,飞起来!"

小鹰们展开了翅膀,开始鼓动它们,一下,两下。小鹰们在上升的气流中找到了平衡,它们稳住了,可以滑翔了。它们加快扇动翅膀的频率,可以上升了。它们飞翔起来,飞到悬崖的上面,远远超越了山顶的高度。它们在那里快乐、骄傲地盘旋。它们明白了鹰妈妈教给它们的东西:勇气。

生活中确实有许多的"不可能"驻扎在我们心头,它无时无刻不在侵蚀着我们的意志和理想,许多本来能被我们把握的机遇也便在这"不可能"中悄然逝去。其实,这些"不可能"大多是人们的一种想象,只要能拿出勇气主动出击,那些"不可能"就会变成"可能"。

我们很多时候之所以不能成功,缺乏的不是才能和机遇,而是缺乏那种大胆尝试的勇气。

莎士比亚借恺撒之口说得不错:"懦夫在死之前,就已经死过多次,勇士一生只死一次。"并不是每个人都有勇气走上这条路,因为对于你自己的选择,你必须承担很多的痛苦和压力。但如果你愿意承担这一切,那就不要想太多,咬紧牙坚持住,像个骑士一样有勇有谋地去战斗。

要知道,在恶行得以恣肆的地方,缺乏的往往不是正义感,而是勇敢。没有勇敢的正义感,几乎等于零,既不能使恶行收敛,更不能阻止恶行。进一步说,缺少勇敢的地方,必定缺少正义。因为没有勇敢,正义难以张扬。

不管你的梦想是多么诱人,你的理想是多么伟大,如果你没有勇气去行动起来,你的计划就一直处于空想的阶段,你的梦想就永远都只是一个梦而已。到最后,你也就只能是现在你鄙夷的那种庸庸碌碌之人。

我相信,现在年轻人生长环境都是不错的,从小衣食无忧,没有遇到过什么挫折。正因为如此,很多人一遇到困难,往往就害怕了、胆怯了。其实,阻碍你成功、阻碍你前进的,正是这种缺乏勇气的心理。

心灵悄悄话

　　现实世界的很多斗争都是勇气的较量,常常是勇者得胜。只有具备一颗勇敢的心,我们才能发挥出超过平时数倍的力量,一鼓作气地到达终点。这就是为什么人们在危急时刻才能爆发出巨大潜力的原因。

第十篇　人生需要勇气

敢"秀"才会赢

古人所言"沉默是金"的年代,早已一去不复返了,现代人如果不懂适时地包装好自己的形象,把握机会推销自己,就很难有出人头地的机会。

有所学校有个有名的才女,不但琴棋书画无所不通,口才与文采也是无人可与之比肩。大学毕业后,在学校的极力推荐下,去了一家小有名气的杂志社工作。谁知就是这样的一个让学校都引以为自豪的人物,在杂志社工作不到半年就被炒了鱿鱼。

原来,在这家人才济济的杂志社内,每周都要召开一次例会,讨论下一期杂志的选题与内容。每次开会很多人都争先恐后地表达自己的观点和想法,只有她总是悄无声息地坐在那里一言不发。她原本有很多好的想法和创意,但是她有些顾虑,一是怕自己刚刚到这里便"妄开言论",被人认为是张扬,是锋芒毕露;二是怕自己的思路不合主编的口味,被人看作幼稚。就这样,在沉默中她度过了一次又一次激烈的争辩会。有一天,她突然发现,这里的人们都在力陈自己的观点,似乎已经把她遗忘了。于是她开始考虑要扭转这种局面。但这一切为时已晚,没有人再愿意听她的声音了,在所有人的心中,她已经根深蒂固地成了一个没有实力的花瓶人物。最后,她终于因自己的过分沉默而失去了这份工作。我们常说沉默是金,但也不要忘了,沉默同时也是埋没天才的沙土。

或许在某种特殊的场合下,沉默谦逊确实是一种"此时无声胜有声"的制胜利器,但无论如何你也不要把它处处当作金科玉律来信奉。在人才竞争中,你要将沉默、踏实、肯干、谦逊的美德和善于表现自己结合起来,才能更好地让别人赏识你。

记住:再好的酒也怕巷子深。如果想在现代社会谋得一席之地,除了自

己努力之外,还要把握机会适时展现自己。

现在是一个讲究张扬自己个性的时代,尤其是身处职场上的人们,在关键时刻恰当地张扬也就是"秀"(show)一下,不失为一个引起领导注意的好办法。

一位刚从美国某大学毕业的大学生去见一家企业的老板,试图向这位总经理推销"自己"——到该企业工作。

由于这是一家很有名气的大公司,总经理又见多识广,根本没把这个初出茅庐、乳臭未干的小伙子放在眼里。没谈上几句,总经理便以不容商量的口吻说:"我们公司没有适合你的工作。"

这位大学生并未知难而退,而是话锋一转,柔中带刚地向这位经理发出了疑问:"总经理的意思是,贵公司人才济济,已完全可以使公司发展蒸蒸日上,外人纵有天大本事,似乎也无须加以利用。再说像我这种管理系毕业生是否有成就还是个未知数,与其冒险使用,不如拒之于千里之外,是吗?"

总经理沉默了几分钟,终于开口说:"你能将你的经历、想法和计划告诉我吗?"

年轻人似乎很不给面子,又将了总经理一军:"噢!抱歉,抱歉,我方才太冒昧了,请多包涵!不过像我这样的人还值得再谈下去吗?"

总经理催促着说:"请不要客气。"

于是,年轻人便把自己的情况和想法说了出来。总经理听后,态度变得和蔼起来,并对年轻人说:"我决定录用你,明天来上班。请保持过去的热情和毅力,好好在我们公司干吧!相信你有用武之地。"

不要犹豫了,大胆地做自己的宣传大使吧!大胆秀出自己才会赢!

大胆秀自己需要很大的勇气。一个人如果没有了勇气,就会丧失战斗力,也就没有了精神支柱,没有了一个人原有的自信。有一句话是这样说的:我们都需要勇气,来面对流言蜚语。是啊!人人都需要勇气来面对一切成功与失败,需要它来面对一切是与非,需要它来面对一切的一切。生活中我们需要成功的喜悦,需要挫折痛苦,需要欢声笑语,更需要奔向前方的勇气。当你在人生的道路上,遇到那从丛荆棘时,擦一擦额上的汗珠,拭一拭眼中欲滴的泪,继续前进,你终会看到蓝蓝的天空、白白的云朵和属于你的

那道七色彩虹。

　　拥有勇气,你可以坦荡地在社会上行走,人生需要历练,钢铁如此,人又何异呢? 我们每个人都有大胆的影子,对于自己未曾做过的事情总是会害怕,瞻前顾后的结果只会让自己停滞不前。

心灵悄悄话

　　歌德说过:“失去了勇气,你就把一切都失掉了!”生活中,天灾人祸在所难免,但为了事业的成功、理想的实现,人不能不鼓起足够的勇气去面对、去奋斗。